Erschienen im Verlag:
Verlag Gute Nachricht GmbH
Freyunger Str. 53a, D-94146 Vorderschmiding
Telefon 08551/9149-0, Fax 08551/9149-14
E-Mail: office@verlag-gute-nachricht.de
www.wirtschaftsrevolution.de

ISBN: 3-935760-00-0

Karl Pilsl

Die naturkonforme Strategie

**Die Natur ist erfolgreich –
Jahr für Jahr.
Was macht sie richtig?**

Fazit: Es ist so einfach!

Verlag Gute Nachricht

Inhalt

Vorwort von
Dr. Dr. Cay von Fournier

„Die Naturkonforme Strategie", so lautet das neue Werk von Karl Pilsl. Das Buch ist richtungsweisend für eine neue Betrachtungsweise des „Organismus Unternehmen", die in der heutigen Zeit notwendiger und wichtiger denn je ist.

Die Natur ist „erfolgreich" und entwickelt sich bestens über die Jahre, Jahrzehnte, Jahrhunderte und Jahrtausende, wenn wir nicht allzu sehr in sie eingreifen. Die Natur kann als „Vorbild" für unsere Unternehmen und unser Wirtschaften dienen, wenn wir sie richtig erkennen und zu deuten wissen. Wir können von der Natur und ihrer „Vorgehensweise" unendlich viel und Wertvolles lernen, wenn wir ihre Zeichen erkennen.

Dies alles hat Karl Pilsl in seinem hochaktuellen Buch in einleuchtender und bestechender Art geschrieben. Es ist ihm bestens gelungen die Parallelen zwischen der Natur und unserer Unternehmens- und Wirtschaftswelt herzustellen und pragmatisch aufzuzeigen, was wir in unserer täglichen Arbeit besser machen können.

Als Trainer für Unternehmensführung und Management beobachte und begleite ich seit mehreren Jahren eine ganze Reihe von Unternehmen. Meine Erfahrungen decken sich zu 100 % mit dem, was in diesem Buch steht. Immer wenn Unternehmen gescheitert sind, haben sie im Grunde genommen gegen bestimmte Naturgesetze verstoßen. Und auch der Umkehrschluss ist zulässig: Immer wenn ich außergewöhnlich erfolgreiche Unternehmen analysiert habe, so verhielten sie sich „naturkonform".

Ich wünsche meinem Freund Karl Pilsl – einem besonders inspirierenden Leader – mit seinem vorliegenden Buch eine weite Verbreitung, denn nichts ist notwendiger als ein Umdenken in vielen Bereichen, insbesondere in denen, die er in seinem neuen Werk „Die Naturkonforme Strategie" anspricht.

Dr. Dr. Cay von Fournier

Inhaber und Geschäftsführer SchmidtColleg GmbH & Co. KG

www.schmidtcolleg.de

Vorwort von Klaus Kobjoll

Es ist so einfach.

Mit diesem Statement fasst Karl Pilsl die Quintessenz dieses Buches zusammen.

Und es ist wirklich so: Wenn wir uns an die Spielregeln der Natur halten und genau beobachten auf welche einfache, klare Weise die Natur ihren jährlichen Erfolg herbeiführt und uns „vorlebt", wie es funktioniert, dann tun wir gut daran, von der Natur zu lernen.

Informativ, direkt, begeisternd, herausfordernd, zukunftsweisend und sehr hilfreich sind einige der Worte, wie man den Inhalt dieses Buches „Die naturkonforme Strategie" beschreiben kann. Aber das Wichtigste an diesem Buch ist, dass man so richtig spüren kann, wie Karl Pilsl hier mit seinem Herzen spricht, voll mit praktischen Erfahrungen und voller Ermutigung für den oft so trockenen und energieraubenden Alltag eines mittelständischen Unternehmers. Es ist nicht nur Information, die zum Umdenken anregt, sondern insbesondere Inspiration, die neue Power bringt. Karl Pilsl kommuniziert in eindrucksvoller Weise von Herz zu Herz.

„Die naturkonforme Strategie" kann man auf drei verschiedene Arten „genießen":

a) Sie nehmen das Buch und lesen einfach die starken Aussagen auf den linken Seiten und Sie werden dadurch sofort inspiriert und ermutigt.

oder

b) Sie entscheiden sich für eines der relativ kurzen Kapitel und lassen diese großartigen, einfachen Gedanken einfach in Ihren Geist eindringen und sich so inspirieren für eine wichtige Entscheidung.

oder

c) Sie nehmen sich vor, täglich ein paar Seiten daraus zu lesen, um Ihren Verstand und Ihr Herz mit der darin gebotenen Weisheit regelmäßig zu „ernähren" und zu stärken.

Wofür Sie sich auch entscheiden, nehmen Sie die Herausforderung an. Es wird Sie inspirieren und Ihnen neuen Mut geben für die großen Herausforderungen, die vor Ihnen liegen.

Es ist gut – sehr gut sogar. Und es ist so einfach.

Ihr

Klaus Kobjoll

Seminarhotel Schindlerhof Nürnberg-Boxdorf
Träger vieler hoher wirtschaftlicher Auszeichnungen
und international gefragter Referent

www.schindlerhof.de

Vorwort des Autors

Lieber Leser,

dieses Buch ist kurz und bündig – leicht lesbar – einfach und umsetzbar. Denn das ganze Leben ist einfach, wenn wir es nicht verkomplizieren. Ja, das ganze Leben ist einfach, wenn wir es einfach sein lassen.

Es gibt vom Schöpfer eingesetzte Prinzipien, die so einfach sind, dass sie immer funktionieren. Hundertprozentig.

Schauen wir doch in die Natur, lernen wir von der Natur. Die Natur ist erfolgreich. Jahr für Jahr. Irgendetwas muss sie richtig machen. Ehrlich gesagt, ich denke, die Natur macht alles richtig. Sie hält sich ganz und gar an die unumstößlichen Gesetze der Schöpfung.

Fragen Sie einmal den Kirschbaum, der Jahr für Jahr die gleichen exzellenten Kirschen hervorbringt und Jahr für Jahr die gleiche Attraktivität genießt. Fragen Sie ihn doch, ob er sehr viel Kraft braucht, diese vielen Kirschen „herauszudrücken", oder ob diese tollen, attraktiven Früchte einfach nur eine Folge seines SEINS, seiner Bestimmung, seiner Berufung etc. sind und er sich darauf konzentriert, Jahr für Jahr nach den gleichen Spielregeln zu „leben". Wenn er dazu viel Kraft bräuchte, würde der liebe Kirschbaum nicht immer 10-mal so viele Kirschen „herausdrücken", als tatsächlich gegessen werden. Nein, der Kirschbaum arbeitet nicht mit Kraftanstrengung, sondern ganz einfach nach bestimmten, einfachen Gesetzmäßigkeiten. Ja, von den Umweltbedingungen hängt manchmal die Menge ab, aber niemals die Art der Frucht. Die bleibt immer gleich, weil der Kirschbaum weiß wer er ist und sich voll darauf konzentriert.

Das Leben ist einfach. Ich weiß, dass ich Sie mit diesem Statement herausfordere, aber ich möchte Ihnen in diesem Buch beweisen, dass es wirklich nicht schwierig ist, erfolgreich zu sein. Jahr für Jahr, ein ganzes Leben lang.

Wir haben keine Wirtschaftskrise. Wirtschaftsleben heißt nach meiner einfachen Definition Folgendes: Jeder konzentriert sich auf seine Talente und Fähigkeiten, auf das, wer er ist und was er besonders gut kann, und wir lösen uns damit gegenseitig unsere Probleme. Wirtschaftsleben ist nichts anderes als ein gegenseitiges Problemelösen. Eine Wirtschaftskrise hätten wir, wenn alle unsere Probleme gelöst wären. Dann hätten wir nichts mehr zu tun. Tatsache aber ist, dass wir in einer Zeit leben mit so vielen ungelösten Problemen wie nie zuvor. Also weit entfernt von einer Wirtschaftskrise. Viele Menschen haben eine Orientierungskrise oder eine Sinnkrise etc. Die Gesellschaft hat eine Strukturkrise und die Politik eine Führungskrise. Aber wir sind weit entfernt von einer Wirtschaftskrise. So viele der ungelösten Probleme warten auf den Problemlöser – also auf Sie.

In diesem Spiel des gegenseitigen Problemlösens gibt es ein paar interessante Punkte, die man nicht vergessen darf und darüber will ich in diesem Buch schreiben.

Eines steht fest: Die ganze Welt ist in Bewegung. Alle Menschen sind am Laufen. Die entscheidende Frage ist daher immer: WER läuft WEM nach?

Und das ist alles eine Frage der persönlichen Attraktivität. Wer ist für wen wirklich attraktiv? Wer ist für wen wann interessant? Wer ist in der Lage mein momentan brennendes Problem zu lösen?

Also: WEM „schmeckt" das, was ich in meinem Leben hervorbringe (mein Output, meine Frucht, meine Problemlösung, mein gestifteter Nutzen …) am meisten?

Darum heißt es ja schon im Buch der Bücher: „An den Früchten werdet ihr sie erkennen!" Ihre Früchte sind der Output Ihres Lebens. Wem gefallen Ihre Früchte, Ihr Output, Ihre Dienstleistung, Ihre Problemlösung?

Was haben andere Menschen davon, dass es mich gibt?

Will ich immer nur etwas von anderen Menschen (bekommen), oder bin ich ein Segen für andere Menschen? Bringe ich etwas (z.B. einen zwingenden Nutzen), oder hole ich mir etwas ab (z.B. das Geld des Kunden)? Davon hängt ab, ob mich meine Zielgruppe attraktiv findet oder nicht. Davon hängt ab, ob ich den Kunden nachlaufen muss oder die Kunden mir nachlaufen. Davon hängt ab, ob ich erfolgreich bin oder nicht.

Auf dieser Welt dreht sich nämlich alles um den Menschen und darum, dass wir anderen Menschen ihre Probleme lösen (nicht ihnen Probleme machen) und darum, ob wir anderen Menschen helfen, dass ihr Leben einfacher wird (nicht schwieriger). Davon hängt es ab, ob Sie im Stress leben oder ein erfülltes Leben leben können.

Es ist so einfach, wenn wir einfach bleiben.

Wenn es uns gelingt,
die hohe Technik, Qualität und
Perfektion der Deutschen
mit der Kreativität, Einfachheit,
Freundlichkeit und
Leadership-Philosophie
der Amerikaner
in der richtigen Weise
miteinander zu verbinden,
dann sind wir Deutschen
am Weltmarkt unschlagbar.

- Karl Pilsl -
Wirtschaftsjournalist in den USA

Ich bin jetzt 25 Jahre in den USA und seit 1987 (also 16 Jahre) dort als Wirtschaftsjournalist tätig. Ich habe einen entscheidenden Unterschied zwischen den Deutschen und den Amerikanern festgestellt:

Der Deutsche hat überwiegend die Neigung, einfache Dinge zu verkomplizieren, zu perfektionieren, komplexer zu gestalten. Der Amerikaner hat überwiegend die Neigung, komplizierte Dinge einfacher zu gestalten, alles wegzulassen, was überflüssig ist, damit es so einfach wie möglich ist.

In Deutschland werden die tollsten Dinge erfunden, aber damit es wichtig aussieht, wird es so komplex und perfekt wie möglich gemacht. Dies liegt darin, dass man in Deutschland oftmals gelernt hat bzw. der Meinung ist, dass die persönliche Wertigkeit eines Menschen von seiner Leistung abhängig ist. Und daher muss die Leistung so komplex wie möglich sein oder so dargestellt werden, damit man daraus seine persönliche Befriedigung und Wertigkeit empfangen kann.

Dies hat zur Folge, dass die besten Ideen so kompliziert dargestellt werden, dass sie ein Laie nicht mehr versteht. Das hat wiederum zur Folge, dass die Zielgruppe für diese Problemlösung bzw. für dieses Produkt immer kleiner wird und eines Tages fast keine Kunden mehr dafür gefunden werden. Denn wenn sich ein Endverbraucher (meist ein Laie) in einer Sache nicht mehr auskennt, gibt er auch kein Geld mehr dafür aus. Und so landen die besten deutschen Erfindungen wieder in der Schublade.

Dann kommt der Amerikaner nach Deutschland, wirft einen Blick in die Schubladen der Deutschen, um zu sehen, was dort wohl für tolle Dinge herumliegen, mit denen man nichts mehr

**Der Deutsche hat
überwiegend die Neigung,
einfache Dinge
zu verkomplizieren,
zu perfektionieren,
komplexer zu gestalten.
Der Amerikaner hat
überwiegend die Neigung,
komplizierte Dinge
einfacher zu gestalten,
alles wegzulassen,
was überflüssig ist,
damit es
leicht verständlich ist.**

tut. Der Amerikaner nimmt diese „tollen Dinge" mit nach Amerika, lässt alles Überflüssige weg, macht die Sache so einfach wie möglich und findet daher eine große Zielgruppe für diese „Erfindung", weil es viele Menschen verstehen worum es geht – es ist ja auch einfach gemacht. So macht der Amerikaner einen Erfolg aus der früher komplexen Sache und die ganze Welt meint, dass es in Amerika erfunden wurde. In Wirklichkeit war es eine deutsche Idee mit viel technischer Vorleistung und Perfektion – aber für den Laien zu kompliziert und daher nicht mehr attraktiv.

Da ist eine gewaltige Power in der Einfachheit.

Wir sollten daher alles tun, um einfach zu bleiben bzw. wieder einfacher zu werden und einfacher zu denken.

Es ist so einfach.

Wahrscheinlich haben auch Sie schon alle bekannten Managementtechniken und Führungsphilosophien gehört, ausprobiert und versucht umzusetzen. Und trotzdem sind Ihre (persönlichen) Zwänge immer größer geworden. Aber es gibt Dinge zwischen Himmel und Erde, von denen viele nichts wissen, obwohl diese so einfach und logisch sind.

Mit dieser Herausforderung lade ich Sie ein, dieses Buch zu lesen.

Viel Freude dabei

Ihr

Karl Pilsl

Einleitung

Damit wir uns richtig verstehen:

Jedes Unternehmen hat drei Ebenen, die gelebt werden müssen, damit ein Unternehmen – oder auch jede andere Organisation – wirklich auf Dauer mit Begeisterung erfolgreich ist und Bestand hat. Und keine der drei Ebenen sollte fehlen:

a) **ARBEITEN**

Arbeiten nennt man, wenn jemand seine HÄNDE mit einem ihm gegebenen Werkzeug verbindet und dadurch Produkte oder Dienstleistungen produziert.

b) **MANAGEMENT**

Management ist, wenn jemand sein HIRN mit dem von Gott geschaffenen Rohstoff verbindet und daraus Problemlösungen/ Produkte für eine bestimmte Zielgruppe entstehen.

c) **LEADERSHIP**

Leadership findet statt, wenn ein Unternehmer sein HERZ mit dem HERZEN anderer Menschen verbindet und dadurch eine gemeinsame VISION realisiert wird.

Also drei Ebenen: HERZ – HIRN – HÄNDE sind notwendig.

Die Hände handeln, das Hirn sagt wie und das Herz sagt warum. Es ist so einfach.

Unternehmensführung kann in vier Stufen stattfinden. Davon hängt ab, wie begeistert die Mitarbeiter sind und wie attraktiv das Unternehmen wirklich für die besten Talente der Branche ist:

Stufe 1: **OPERATIVES MANAGEMENT**

Das ist die in Deutschland am häufigsten anzutreffende Führungsmethode. Nur das Hirn spielt eine Rolle, das Herz der Menschen wird weitgehend außer Acht gelassen. Eine staubtrockene, frustrierende Art miteinander umzugehen, wenn dies die einzige Stufe ist, die praktiziert wird.

Stufe 2: **VISIONÄRES MANAGEMENT**

Diese Form trifft man auch in Deutschland mehr und mehr an und Manager, die mit Vision führen, setzen sich mit ihren Firmen bereits deutlich von den Mitbewerbern ab.

Also das HIRN dominiert immer noch, aber es wird bereits manchmal auch das Herz konsultiert. Es wird überwiegend gemanagt, aber manchmal auch geführt.

Stufe 3: **OPERATIVE LEADERSHIP**

Der Unternehmer ist in erster Linie ein Leader, aber er versteht auch zu managen. Als Leader beantwortet er die Frage nach dem Warum, aber in seiner Funktion als operativer Manager zeigt er den Mitarbeitern auch den Weg im Detail, also das Wie.

Das Herz dominiert bereits und das Hirn wird konsequent eingesetzt. Aber es ist immer noch ein und dieselbe Person, die führt und managt zugleich. Und das kann zuweilen stressig sein.

Stufe 4: **VISIONÄRE LEADERSHIP**

Der Unternehmer ist ein visionärer Leader, konzentriert sich voll auf die Vision und die Führung der Mitarbeiter und beschäftigt in seinem Unternehmen operative Manager, die dafür sorgen, dass das, was in seinem Herzen brennt und er in die Herzen seiner Mitarbeiter implementiert, tatsächlich auch gelebt, getan und in die Praxis umgesetzt wird. Also, das HERZ beschäftigt sich mit den Herzen anderer Menschen – seiner Mitarbeiter und seiner Kunden. Es geht dem Leader hier in erster Linie nicht mehr so sehr um Marketshare, auch nicht mehr so sehr um Mindshare, sondern insbesondere um Heartshare. Gewinne ich mit meiner Vision die Herzen anderer Menschen – und wie sehr (zu welchem Anteil) gewinne ich deren Herzen. Wenn ich das Herz eines Menschen (einer Zielgruppe) gewonnen habe, dann habe ich auch sein Denken (Mindshare) gewonnen und als logische Folge davon auch die entsprechenden Marktanteile (Marketshare).

Was diese Stufe besonders auszeichnet, ist, dass Visionäre Leadership und Operatives Management nicht mehr in einer Hand sind, sondern von zwei verschiedenen Menschen mit verschiedenen Stärken wahrgenommen werden.

TATSACHE IST:

Viele Chefs kommunizieren nur über das Hirn mit ihren Mitarbeitern/Kunden.

Das ist meist staubtrocken und nicht besonders attraktiv.

Andere Chefs versuchen bereits mit ihrem Hirn das Herz der Mitarbeiter zu erreichen.

Das ist nicht besonders effizient, weil das Hirn eines Menschen und das Herz eines anderen Menschen nicht besonders kompatibel sind.

Wieder andere Chefs versuchen mit ihrem Herzen das Hirn der Mitarbeiter zu mobilisieren.

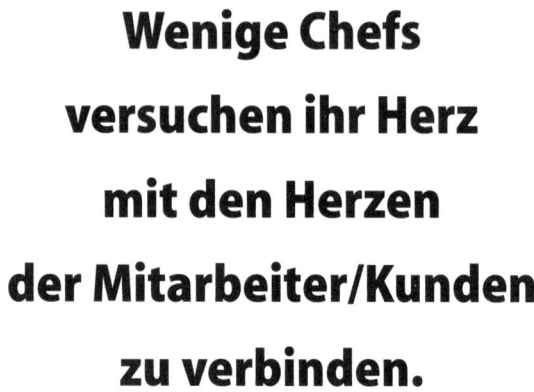

**Wenige Chefs
versuchen ihr Herz
mit den Herzen
der Mitarbeiter/Kunden
zu verbinden.**

**Hier werden viele
Chancen verpasst.**

Wenn das geschieht, wird die Sache schon viel interessanter und effizienter und es ist oft sehr erstaunlich, wie viel Hirn (Know-how) in den Mitarbeitern steckt, das aber nur sichtbar wird, wenn der Chef mit seinem Herzen „arbeitet".

Wenige Chefs versuchen ihr Herz mit den Herzen der Mitarbeiter/Kunden zu verbinden.

Wenn das geschieht und funktioniert, dann ist die Zukunft eines Unternehmens gesichert. Das nennt man Visionäre Leadership und das Leben macht wieder richtig Sinn – für alle Beteiligten.

**Wir haben
keine Wirtschaftskrise.
Wirtschaftsleben ist nichts
anderes als ein
gegenseitiges Problemelösen.
Eine Wirtschaftskrise
hätten wir,
wenn alle unsere Probleme
gelöst wären.
Dann hätten wir
nichts mehr zu tun.**

KAPITEL I

Die POWER der VISION – Was brennt in meinem Herzen?

Viele Menschen haben Träume. Viele Menschen sprechen auch von Visionen. Aber ihr Leben verändert sich nicht.

Was ist eine Vision?

Eine Vision ist mehr als ein Traum. Eine Vision ist etwas, was in meinem Herzen brennt und wofür ich mein Leben geben/hinlegen will. Eine Vision ist ein lebendiges, brennendes Bild von einer Ist-Situation der Zukunft, die heute noch nicht sichtbare Realität ist und von anderen Menschen nicht so ohne weiteres gesehen und beurteilt werden kann.

Echte Visionäre werden von anderen Menschen anfangs nicht verstanden. Sie reden von Dingen, die man mit dem Hirn nicht sehen und erkennen kann. Sie reden von Dingen, die anderen Menschen noch als irreal, unvernünftig oder als unmöglich (nicht realisierbar) erscheinen. Sie werden sehr oft als „Träumer" abqualifiziert, als „Luftschloss-Architekten" oder als „Spinner" bezeichnet, aber es brennt etwas in ihrem Herzen, das in der Lage ist, viele Menschen zu begeistern und für viele Menschen eine echte Problemlösung bedeuten würde. Ein echter Visionär ist jemand, der an einer Sache noch festhält, auch wenn er der Einzige ist, der an die Realisierung glaubt. Das Feuer in seinem Herzen ist ihm wichtiger als die Meinung anderer Menschen. Dieses Feuer ist gottgegebene Power. Überwinderkraft.

**Die zentrale
Frage des Lebens:**

**Was haben
andere Menschen davon,
dass es mich gibt?**

Echte Visionäre haben nicht Visionen, sondern nur EINE Vision. Nicht diverse Visionen, das heißt nämlich Di-Vision und Division heißt Spaltung. Ein Herz, das in sich selbst gespalten ist, geht zu Grunde, sagt schon die Bibel.

Ja, es gibt verschiedene Bereiche einer Vision, aber es muss sich immer um ein und dieselbe Sache drehen. Die Vision muss alle Lebensbereiche umfassen und begeistern, sonst findet sie nicht statt bzw. hat keinen Bestand. Die Bibel sagt auch: „Ohne Vision geht das Volk zu Grunde".

Die einem Menschen von Gott gegebene (implementierte) Vision ist die Power, die sein Leben lenkt. Diese Vision ist das Betriebssystem für alles, darum heißt es ja: „Der Geist (Vision) ist's, der lebendig macht, das Fleisch (Hardware) allein nützt nichts."

Und nun kommt die alles entscheidende Frage:

Wem nützt Ihre Vision?

WER hat wirklich den entscheidenden Nutzen (Segen) davon?

Nützt diese Vision nur Ihnen (also ist sie egoistisch), dann werden Sie bald der Einzige sein, der daran arbeitet – ohne Aussicht auf langfristigen Erfolg.

Nützt diese Vision auch Ihren Führungskräften, dann werden diese Ihnen sicherlich dabei helfen.

Nützt diese Vision auch allen Ihren Mitarbeitern, dann werden auch diese Ihnen dabei helfen und Sie werden viel Power (Know-how) freisetzen, viel Freude (Power) produzieren und sicherlich auch erfolgreich sein.

Das ist der kybernetisch wirkungsvollste Punkt:

EINE VISION ZU LEBEN, DIE FÜR ANDERE MENSCHEN EINEN ZWINGENDEN NUTZEN BEDEUTET.

Nützt Ihre Vision aber auch Ihren Kunden (Die Vision ist also attraktiv, interessant, problemlösend, begeisternd für sie, …), dann ist Ihre Zukunft gesichert und Sie werden ein begeistertes, begeisterndes und attraktives Leben leben.

Hier ist der kybernetisch wirkungsvollste Punkt:

EINE VISION ZU LEBEN, DIE FÜR ANDERE MENSCHEN EINEN ZWINGENDEN NUTZEN BEDEUTET.

Das führt zu folgendem AUTOMATISMUS:

Der zwingende Nutzen bringt hohe Attraktivität für den Kunden,

diese Attraktivität führt zu **Anziehungskraft** auf die Zielgruppe,

diese Anziehungskraft bringt automatisch die **größere Nachfrage**,

die größere Nachfrage bringt automatisch die ersehnte **größere Stückzahl**,

die größere Stückzahl bringt automatisch die **höhere Produktivität**,

die höhere Produktivität bringt automatisch die **schnellere Kostendegression**,

die schnellere Kostendegression bringt automatisch den **höheren Gewinn**,

der höhere Gewinn bringt automatisch die **größere Liquidität** mit allen damit verbundenen Wachstumsmöglichkeiten …

Es lohnt sich, visionär zu denken, zu handeln und zu leben.

Erfolgreiche Visionäre haben nicht Visionen, sondern nur EINE Vision.

Es lohnt sich, den Nutzen für andere Menschen in den Vordergrund zu stellen.

Es lohnt sich, sich die alles entscheidende Frage zu stellen:

„Was haben andere Menschen davon, dass es mich (unser Unternehmen) gibt?"

In Amerika sagt man:

„Don't make plans according to your budget, make plans according to your vision!"

Die meisten Menschen planen ihr Leben entsprechend ihrem Geldbeutel und kommen daher nie weiter. Planen Sie Ihr Leben doch in Übereinstimmung mit dem, was in Ihrem Herzen brennt, denn Materie folgt immer dem Geist und nicht umgekehrt.

Und dann kommt noch etwas hinzu, für den Fall, dass auch Ihnen – wie bereits vielen anderen Menschen – dies wichtig ist:

Wenn Ihre Vision oder Visionen überwiegend egoistisch sind, dann ist diese Vision sicher nicht von Gott, denn Gott ist Liebe und da ist kein Egoismus in IHM.

Und wenn Sie auf die Hilfe Gottes in Ihrem Leben Wert legen, dann sollten Sie in diesem Falle „Ihre" Vision nochmals überdenken. Gott unterstützt Egoismus nicht.

**Echte Leadership ist,
wenn ein Unternehmer
sein HERZ mit den
HERZEN anderer Menschen
verbindet und dadurch
eine gemeinsame VISION
realisiert wird.**

KAPITEL II

VISIONÄRE LEADERSHIP –
führen statt managen

Verstehen Sie mich nicht falsch:

Management ist wichtig. Aber Management als Führungsinstrument frustriert. Management frustriert – Leadership
begeistert.

Die VISION ist das BETRIEBSSYSTEM.

Das MANAGEMENT ist die SOFTWARE.

Das UNTERNEHMEN ist die HARDWARE.

Wenn das Unternehmen einen attraktiven Output (Problemlösung) hervorbringen soll, dann sind alle drei Ebenen wichtig.

Wir haben bereits im Kapitel I viel über Vision gesprochen.
Erfolgreiche Menschen FÜHREN mit einer VISION, die für alle
Beteiligten einen zwingenden, begeisternden Nutzen bringt.

Ich sagte FÜHREN, nicht treiben!

Es gibt immer noch viele Unternehmer, die versuchen ihre
Mitarbeiter „anzutreiben".

Eine Frage: Wissen Sie, warum wir Österreicher so erfolgreich
sind? Antwort: Weil so viele Deutsche zu uns auf Urlaub
kommen.

Frage: Und warum kommen so viele Deutsche zu uns auf Urlaub?
Antwort: Weil wir BergFÜHRER haben und keine BergTREIBER.

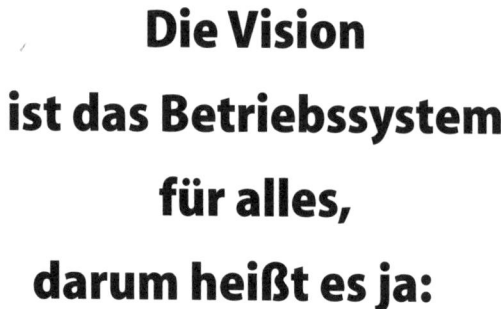

**Die Vision
ist das Betriebssystem
für alles,
darum heißt es ja:**

**„Der Geist (Vision) ist's,
der lebendig macht,
das Fleisch (Hardware)
allein nützt nichts."**

Wer lässt sich schon gerne auf einen Berg treiben? Niemand, und sei es da oben noch so schön.

Genauso wenig lassen sich unsere Mitarbeiter auf Dauer treiben. Wenn der „Chef" nicht bereit ist, einem attraktiven Ziel entgegen voranzugehen und die Mitarbeiter dorthin zu führen, wird er bald alleine unterwegs sein.

Und dann gibt es noch ein Gesetz, dass keiner ändern kann:

Die meisten Menschen tun das, was man mit ihnen auch macht.

Wer mit Druck geführt wird, gibt den Druck weiter.

Wer seine Führungskräfte treibt, lehrt den Führungskräften, wie man die Mitarbeiter treibt.

Wer die Mitarbeiter treibt, lehrt den Mitarbeitern, wie man die Kunden treibt.

Und das ist der Grund, warum viele Unternehmen immer noch eine Vertriebsabteilung haben, wo die Kunden im wahrsten Sinne des Wortes „vertrieben" werden.

Das Gesetz von Saat und Ernte sagt uns: „Alles reproduziert nach seiner Art" und mein Vater hat immer gesagt: „Wie der Herr, so das G'scherr."

Ja, es gibt in der deutschen Wirtschaft immer noch „Sklaventreiber" und sie wundern sich, dass das Geschäft immer härter wird. Sie sollten sich nicht wundern.

**Die Menschen kommen
zuerst wegen
den attraktiven Kirschen,
nicht wegen dem Baum
und auch nicht
wegen Ihnen –
dem Baumbesitzer.**

Die drei Pfeiler der bevorstehenden Wirtschaftsrevolution:

a) **EXZELLENTE DIENSTE** – Professionelle Problemlösungen
Nur wer in den Augen der Kunden spitze ist, hat eine Chance.

b) **EINZIGARTIGE PERSÖNLICHKEITEN**
Jeder ist seine eigene Marke. Nur wer sich wirklich auf seine Einzigartigkeit konzentriert, ist authentisch und daher attraktiv.

c) **MITREISSENDE, BEGEISTERNDE PROJEKTE**
Außergewöhnlich interessante, begeisternde Projekte, die das Arbeiten attraktiv machen, haben auch Anziehungskraft auf die besten Talente.

Nun ein paar herausfordernde Fragen an Sie:

1. Haben Sie Ihre Mitarbeiter dazu, dass diese Ihnen helfen, Ihre Ziele zu erreichen, oder haben Sie Ihre Mitarbeiter dazu, dass sie denen helfen, dass auch diese ihre Lebens-Ziele erreichen?

Gut, es gibt immer noch viele Unternehmer, die sagen: „Ich bezahle meine Mitarbeiter dafür, dass sie mir helfen, meine Gewinnziele zu erreichen." Daran ist ja nichts falsch, wenn es aber sonst keinen attraktiven Grund dafür gibt, dass die Mitarbeiter bei Ihnen arbeiten, dann werden Sie sicherlich keine Anziehungskraft auf die besten Talente Ihrer Branche haben – und daher immer mittelmäßig qualifizierte Mitarbeiter haben.

Manche Visionäre gehen ins andere Extrem und sind so altruistisch unterwegs, dass sie ihre eigenen Ziele total vergessen und nur anderen Menschen helfen möchten, ihre Ziele zu erreichen. Auch das funktioniert auf Dauer nicht.

Es gibt zwei Möglichkeiten:

Man kann andere Menschen

(für die eigenen Ziele)

missbrauchen,

oder

man kann SICH

(zum langfristigen Nutzen aller)

in andere Menschen investieren.

Was tun Sie?

Wo stehen Sie?

Die große Herausforderung besteht darin:

Wie kann ich meinen Mitarbeitern helfen, dass diese ihre Talente, Fähigkeiten und Potentiale maximal freisetzen können, ihre eigene Persönlichkeitsentfaltung forcieren können, ihre eigenen persönlichen Ziele erreichen können und gleichzeitig all die dadurch freigesetzte Energie so zu kanalisieren, dass diese freigesetzten Energien auf die Mühlen der gemeinsamen Unternehmens-Vision und Unternehmensziele konzentriert werden können, um gemeinsam einen größtmöglichen Erfolg zu erzielen?

Das ist in der Tat die größte Herausforderung des Unternehmerlebens.

2. Was machen Sie aus den Menschen (Mitarbeiter, Kunden), die Gott Ihnen anvertraut hat?

Es gibt zwei Möglichkeiten: Man kann andere Menschen (für die eigenen Ziele) missbrauchen, oder man kann SICH in andere Menschen investieren.

Was tun Sie? Wo stehen Sie?

Manager haben sehr oft die Neigung, andere Menschen für die eigenen Ziele zu missbrauchen. Das ist frustrierend – für beide.

Echte Leader investieren SICH in ihre Mitarbeiter.

Nicht nur Geld, sondern SICH. (Zeit, Vision, Erfahrung, Knowhow, Beziehungen usw.)

Hier liegt auch ein entscheidender Unterschied zwischen Personalentwicklung und Persönlichkeitsentfaltung (People-Building).

VISIONÄRE LEADERSHIP –
der größte Engpass
der deutschen Wirtschaft
und gleichzeitig
die größte
unternehmerische Chance
der Gegenwart.

KAPITEL III

Das blühende Unternehmen

Viele Unternehmer wünschen sich ein blühendes Unternehmen, tun aber alles dafür, dass keiner blühen kann.

Seit Jahrzehnten behaupten Unternehmer und Unternehmensstrategen, dass das Unternehmen die Summe der Mitarbeiter ist.

Sie sagen: Der Mitarbeiter ist Mittelpunkt.

Und meinen: Der Mitarbeiter ist Mittel. (Punkt).
             Und so verhalten sie sich auch.

Tatsache aber ist: Wenn das Unternehmen wirklich die Summe der Mitarbeiter ist, dann müssen die Mitarbeiter (auf)blühen, wenn ich ein blühendes Unternehmen haben möchte.

Nur blühende Mitarbeiter bringen auch die wünschenswerte Frucht des Unternehmens hervor.

Es ist so wie bei unserem Kirschbaum im Garten:

Wenn der Baum nicht blüht, bringt er auch keine Frucht. Nur Bäume, die auch blühen, bringen Früchte hervor. Das ist logisch und einleuchtend.

Aber manche Unternehmen halten gar nichts davon, dass die Mitarbeiter auch noch blühen sollen. (Wo kommen wir denn da hin, wenn wir das auch noch sicherstellen sollen, meinen manche.) Aber wenn die Mitarbeiter nicht zur Blüte kommen, dann bleibt auch die Frucht aus. So ist es in der Natur, so ist es auch in der Wirtschaft.

Wir haben zu viele
ähnliche Firmen,
die ähnliche Mitarbeiter
beschäftigen mit einer
ähnlichen Ausbildung,
die ähnliche Arbeiten
durchführen.
Sie haben ähnliche Ideen und
produzieren ähnliche Dinge
zu ähnlichen Preisen
in ähnlicher Qualität.

Wenn Sie dazugehören,
werden Sie es
künftig schwer haben.

Woran erkennt man einen Kirschbaum? „An den Früchten werdet ihr sie erkennen", hat schon Jesus gesagt. So ist es beim Kirschbaum, so ist es auch bei den Mitarbeitern.

Wann ist der Kirschbaum attraktiv?

Wenn er die guten Früchte hervorbringt. Sonst nicht.

Ein Baum, der keine Früchte bringt, den haut man einfach um. Ein Mitarbeiter, der keine Frucht bringt, verliert ganz einfach seinen Arbeitsplatz. So einfach und logisch ist das.

Aber wenn ein Baum so richtig blühen durfte, dann ist die Frucht eine automatische Folge – ohne viel Energieaufwand. Es kommt einfach aus ihm raus. Ohne Druck von außen.

Wenn aber der Baum nicht blühen durfte, kann der Gärtner den Baum noch so viel würgen und drücken (unter Druck setzen) bis er blau ist, es kommt keine Frucht hervor. Logisch, oder?

Was ist aber nun die Aufgabe des Leaders?

Ganz einfach dieselben Aufgaben, die ein Gärtner hat: düngen, hegen und pflegen.

Der Gärtner geht jeden Tag durch sein Gewächshaus und gibt jeder einzelnen Pflanze genau jenen Dünger und jene Behandlung, die diese Pflanze/Blume braucht, um zur Blüte zu kommen und ihr Potential zur Entfaltung zu bringen. Der Gärtner geht nicht ins Gewächshaus und behandelt alle Pflanzen gleich. Er sagt nicht: „Bei der BayWa ist gerade Phosphor sehr günstig einzukaufen, daher düngen wir alles mit Phosphor." Das macht der Gärtner nicht. Er düngt die einzelne Pflanze mit jenem Dünger, den diese Pflanze heute braucht, um

Bäume müssen blühen.

Menschen auch.

Aufblühen.

sich so richtig entfalten zu können und zur Blüte zu kommen. Alles andere (auch die Frucht) ist eine logische Folge.

Viele Unternehmer machen es aber ganz anders – und nicht naturkonform:

Sie gehen durch das Unternehmen und tun alles, damit ja keiner aufblüht, denn das könnte ja ausarten und man könnte dann die Kontrolle verlieren. Das sind dann die Weltmeister im Frustrieren von Menschen und sie wundern sich, warum alles immer schwieriger und schlechter wird.

Bäume müssen blühen. Menschen auch. Aufblühen.

Was teilen Sie aus?
Dünger oder Gift?
Davon hängt ab,
ob man in Ihrer Nähe
(auf)blüht oder ob man
Ihnen aus dem Weg geht.

KAPITEL IV

PRAISING PEOPLE TO SUCCESS – Lob ist Dünger, Kritik ist Gift – Was teilen Sie aus?

Mary Kay Ash, die Gründerin von Mary Kay Cosmetics sagte immer auf die Frage, was denn ihr Erfolgsgeheimnis wäre:

„Wir loben unsere Mitarbeiter/Geschäftspartner zum Erfolg. Wir geben unseren Mitarbeitern/Geschäftspartnern was sie wirklich brauchen und zuhause oder woanders nicht in dieser Form erfahren. Lob."

Mary Kay Cosmetics beschäftigt mittlerweile über 700.000 Frauen auf der ganzen Welt und führt diese in ein blühendes Leben. Mit ganz einfachen, naturkonformen Prinzipien.

Was teilen Sie aus? Dünger oder Gift?

Davon hängt ab, ob man in Ihrer Nähe blüht oder ob man Ihnen aus dem Weg geht.

Ich bin seit vielen, vielen Jahren in den USA tätig und habe einige einfache, aber entscheidende Unterschiede zwischen dem deutschen mittelständischen Unternehmer und dem amerikanischen mittelständischen Unternehmer festgestellt.

Viele deutsche Unternehmer gehen am Montag durch die Firma und halten Ausschau wo jemand etwas falsch gemacht hat, denn irgendwo muss man sich ja vom Wochenend-Frust befreien. (Ich übertreibe etwas.)

**Lob ist Dünger und
führt zur Blüte,
zu Wachstum und zur Frucht.
Kritik ist Gift und
tötet noch den letzten Keim
der Entfaltungswilligkeit.
Dies kostet nicht nur
eine Menge Geld,
sondern bringt auch
eine Menge
unnötiger Probleme.**

Viele amerikanische Unternehmer hingegen gehen montags durch die Firma und halten Ausschau wo sie jemanden erwischen, der etwas richtig macht (gemacht hat) und daher Lob verdient.

Sie können sich vorstellen, dass die Auswirkungen auf die Fruchtbarkeit (Erfolg) der ganzen Woche höchst unterschiedlich sind.

Lob ist Dünger und führt zur Blüte, zu Wachstum und zur Frucht. Kritik ist Gift und tötet noch den letzten Keim der Entfaltungswilligkeit. Dies kostet nicht nur eine Menge Geld, sondern bringt auch eine Menge unnötiger Probleme.

Ich weiß, dass viele deutsche Unternehmer sich schwer tun, wirklich aufrichtig zu loben. Ich habe mir sagen lassen, dass der Schwabe sagt: „Nicht geschimpft ist gelobt genug!" – Ich weiß nicht, ob es stimmt – vielleicht doch.

Der Norddeutsche Unternehmer sagt, wenn er jemanden wirklich loben möchte: „Einwandfrei". Auf gut Deutsch: Ich hätte nach einem Einwand gesucht und leider keinen gefunden.

Wieder andere sagen: „Tadellos". Ich wollte eigentlich gerne tadeln, leider nichts gefunden.

Vielleicht ist meine Darstellung ein wenig übertrieben, aber sie zeigt uns, dass wir Deutschen uns schwer tun beim Loben – sprich beim Düngen von Menschen.

Der Amerikaner ist hier viel freier und freigiebiger mit Lob. Manche werden zwar sagen: „Die Amerikaner sind so oberflächlich!" Aber, besser oberflächlich positiv als grundlegend negativ.

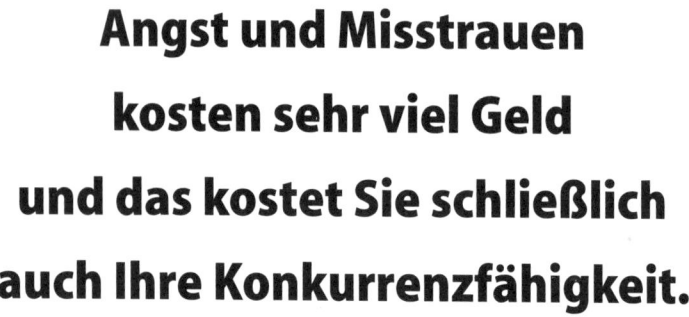

**Angst und Misstrauen
kosten sehr viel Geld
und das kostet Sie schließlich
auch Ihre Konkurrenzfähigkeit.**

**Warum soll auch der Kunde
Ihre Angst und Ihr Misstrauen
finanzieren?**

Manche führen oder managen gar mit Angst! Kennt jemand jemanden?

Es gibt Unternehmer, die führen ihre Mitarbeiter mit Angst, verteilen Angst, streuen Angst etc. Angst lähmt. Angst bewegt nur kurzfristig in die richtige Richtung, aber dann gibt es Rebellion. Angst ist kein taugliches Führungsinstrument. Angst kostet viel Geld.

Angst ist Gift, genauso wie Misstrauen. Manche führen (säen) mit Misstrauen, möchten aber gerne Vertrauen ernten. Das kann nie funktionieren, denn das Gesetz von Saat und Ernte lässt sich nicht bestechen.

Angst und Misstrauen kosten sehr viel Geld und das kostet schließlich auch die Konkurrenzfähigkeit.

Wer mit Angst und Misstrauen beseelt ist, der braucht für alles und jedes ein Controlling. Und jede Controlling-Abteilung braucht einen weiteren Controller, denn man könnte mich ja „besch.....", sagen die Schwaben. Das kostet dann sehr viel Geld und irgend jemand muss das ja bezahlen, oder? Vielleicht der Kunde? „Der pfeift Ihnen was", sagt der Bayer und geht zur Konkurrenz.

Warum soll auch der Kunde Ihre Angst und Ihr Misstrauen finanzieren?

Aber jemand muss es doch finanzieren, die Kosten für die Angst und das Misstrauen. Der Kunde macht es auf Dauer sicher nicht, Sie brauchen damit Ihre stillen Reserven auf und verlieren letztendlich auch Ihre Konkurrenzfähigkeit. Bis zum Unternehmenstod.

**Warum sollen 98 %
der Mitarbeiter büßen,
nur weil vielleicht 2 %
der Mitarbeiter unehrlich sind?
Bauen Sie Ihre
Unternehmenskultur doch
auf die 98 %
ehrlichen Menschen auf
und nicht auf die
restlichen 2 %.**

Warum sollen 98 % der Mitarbeiter büßen, nur weil vielleicht 2 % der Mitarbeiter unehrlich sind? Bauen Sie Ihre Unternehmenskultur doch auf die 98 % ehrlichen Menschen auf und nicht auf die restlichen 2 %.

Was sind die Auswirkungen von LOB bzw. KRITIK auf Ihre Zukunft?

LEADERSHIP heißt: Einfluss haben auf andere Menschen. Einfluss haben Sie aber nur auf Menschen, die gerne Ihre Nähe suchen.

Ob jemand Ihre Nähe sucht oder nicht, hängt davon ab, was er in Ihrer Nähe erlebt. Erlebt er in Ihrer Nähe LOB, dann sucht er Ihre Nähe immer wieder. Erlebt er in Ihrer Nähe KRITIK, dann geht er Ihnen mehr und mehr aus dem Weg – und Sie verlieren Ihren Einfluss auf diesen Menschen (egal ob Mitarbeiter, Kunde, Teenager oder Ehepartner – hier reagieren alle gleich).

Was teilen Sie aus? Lob oder Kritik? Was erleben die Menschen in Ihrer Nähe? Ermutigendes oder Entmutigendes?

Davon hängt ab, ob Sie Anziehungskraft auf die besten Talente Ihrer Branche und auf Ihre Kunden haben oder nicht.

Davon hängt ab, ob Ihre Mitarbeiter gerne Ihre Nähe suchen oder Ihnen aus dem Weg gehen.

Davon hängt ab, ob Ihre Kinder gerne nach Hause kommen oder nicht.

Davon hängt ab, ob Sie glücklich verheiratet sind oder nicht.

Was erlebt man in Ihrer Nähe? Was sind die Früchte, die Ihr Leben hervorbringt?

Lob ist Dünger
und es wächst immer das,
was gedüngt wird.

Was kommt aus Ihrem Mund? Welchen Geist multiplizieren Sie in Ihrem Unternehmen? Davon hängt ab, ob Sie attraktiv sind und Anziehungskraft auslösen oder nicht.

Was loben Sie? Das werden Ihre Mitarbeiter immer wieder tun. Denn jeder will so oft wie möglich gelobt werden.

Was loben Sie? Davon hängt ab, was Ihre Mitarbeiter wichtig nehmen.

Wenn Sie nur Leistung loben, dann erbringen Ihre Mitarbeiter nur Leistung – um jeden Preis – auch auf Kosten des Charakters. Wenn Sie auch Charakter loben, dann werden Ihre Mitarbeiter (und auch Ihre Kinder) auch charakterstarke Menschen. Lob ist Dünger und es wächst immer das, was gedüngt wird.

DIE POWER IHRER WORTE:

Im Leben hängt alles davon ab, was aus Ihrem Mund herauskommt. Schon in den Sprüchen (Kapitel 18, Vers 21) steht: „Tod und Leben liegen in der Macht der Zunge!"

Mit Ihrer Zunge schaffen Sie Atmosphäre in Ihrem Haus – in Ihrer Umgebung. Mit Ihrer Zunge schaffen Sie entweder eine Atmosphäre der Liebe (bringt Wachstum) oder nur eine Atmosphäre der Toleranz (Trockenheit). Liebe ist viel stärker als Toleranz. Der Humanismus steht für Toleranz, Gott aber ist Liebe.

Stellen Sie sich vor, Ihr Ehepartner würde zu Ihnen sagen: „Ich toleriere dich!", anstatt: „Ich liebe dich!" Oder Sie sagen Ihren Kindern: „Ich toleriere dich!", anstatt „Ich liebe dich!" Welch ein Unterschied in den Auswirkungen.

Mein Vater war ein Landwirt.
Er sagte immer:
„Ein Superbauer ist nicht einer,
der selbst viel Milch gibt
und einen hohen Fettgehalt hat,
sondern ein Superbauer ist einer,
der in seinem Stall Kühe hat,
die viel Milch geben
mit hohem Fettgehalt!"
Ich sage:
„Ein Super-Unternehmer
ist nicht einer,
der selbst alles am besten kann,
sondern ein Super-Unternehmer
ist einer, der es versteht,
in seinem Stall die besten Talente
zu entfalten und zu behalten."

Daher kann der Humanismus – ohne Gott – niemals den Menschen glücklich machen.

Die Frage ist: Kommt aus Ihrem Munde Liebe (Lob, Wertschätzung, Anerkennung, Freude, Begeisterung …) oder kommt aus Ihrem Munde nur Toleranz oder gar Gift (gepaart mit Kritik, Beanstandungen, Korrekturen, Ablehnung etc.)?

Davon hängt ab, welches Klima, welche Atmosphäre es in Ihrer Nähe gibt.

Davon hängt wiederum ab, ob andere Menschen Ihre Nähe suchen oder nicht.

Davon hängt wiederum ab, ob Sie künftig erfolgreich sind – ein erfülltes Leben leben – oder nicht.

DIE POWER IHRER WORTE:
Schaffen Sie mit Ihren Worten ein **Treibhausklima für Spitzenleistungen.**

Und Sie werden mit anderen Menschen gemeinsam die schönsten, besten und erfolgreichsten Dinge erleben.

Mein Vater war ein Landwirt. Er sagte immer: „Ein Superbauer ist nicht einer, der selbst viel Milch gibt und einen hohen Fettgehalt hat, sondern ein Superbauer ist einer, der in seinem Stall Kühe hat, die viel Milch geben mit hohem Fettgehalt!"

Ich sage: „Ein Super-Unternehmer ist nicht einer, der selbst alles am besten kann, sondern ein Super-Unternehmer ist einer, der es versteht, in seinem Stall die besten Talente zu entfalten und zu behalten".

**Dort,
wo der Frust am größten ist,
ist die Begeisterung
der Begeisterten
am wirksamsten.**

Schaffen Sie daher ein Klima in Ihrem Unternehmen, das es für Spitzen-Talente leicht macht sich bei Ihnen zu entfalten, bei Ihnen zu bleiben und dabei die besten Problemlösungen aus der Sicht des Kunden zu entwickeln. Also ein Treibhausklima für Spitzenleistungen.

**Wir leben in einer Zeit
der Existenzgründungswelle,
wie sie bisher noch nie
da gewesen ist.**

KAPITEL V

Die Natur ist erfolgreich –
Jahr für Jahr.
Was macht sie richtig?

Jeder Baum ist ein Unternehmen. Spezialisiert und hochkonzentriert auf seine Stärken, Potentiale und seine einzigartige Frucht. Er bringt Jahr für Jahr die gleiche Frucht hervor - ohne Kompromisse. Die Menge ist immer abhängig von den Umweltbedingungen (Konjunktur), jedoch Jahr für Jahr die gleiche Art von Frucht.

Ein Kronprinz-Apfelbaum bleibt ein Kronprinz-Apfelbaum und denkt nicht mal dran, es auch mal mit ein paar Zwetschken zu versuchen.

Nein, er bringt jedes Jahr die gleiche Frucht hervor – für eine bestimmte immer gleich bleibende Zielgruppe (die Kronprinzapfel-Liebhaber).

Was können wir daraus lernen? Die richtige Spezialisierung. Spezialisierung ist ja sonst nichts als Energie-Konzentration auf die individuellen Stärken und Potentiale, die in uns stecken – in uns hineingelegt wurden.

Manche Menschen sagen: Spezialisierung ist richtig.

Andere sagen: Spezialisierung ist falsch.

Viele Unternehmen haben sich spezialisiert und sind damit zu Grunde gegangen, andere wiederum haben sich spezialisiert und sind damit hoch erfolgreich geworden.

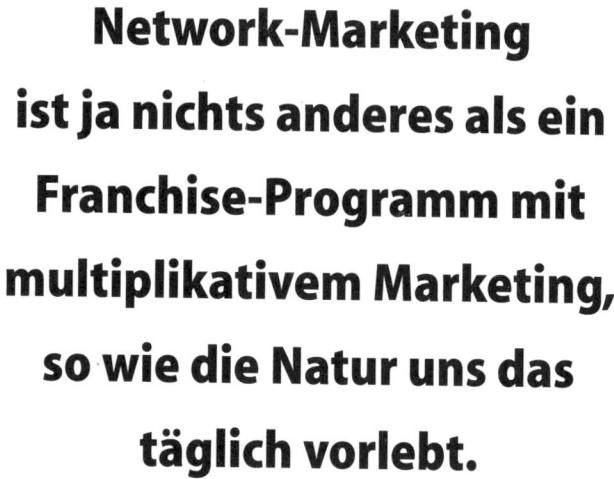

**Network-Marketing
ist ja nichts anderes als ein
Franchise-Programm mit
multiplikativem Marketing,
so wie die Natur uns das
täglich vorlebt.**

**Und sie ist damit
sehr erfolgreich.**

Wann ist Spezialisierung richtig, wann ist Spezialisierung falsch?

Kurz gesagt:

Wer sich auf vergängliche Materie oder Techniken spezialisiert (Rohstoffe, Produkte, Verfahrenstechniken etc.), ist falsch spezialisiert und ganz davon abhängig, wie lange seine Spezialisierung attraktiv ist für andere Menschen. Wenn nämlich das Problem, das wir heute lösen, eines Tages durch eine ganz andere Technik gelöst wird, dann bleiben wir auf unseren Produkten oder teuren Maschinen sitzen.

Wer sich aber auf Menschen spezialisiert und auf die Lösung eines bestimmten, brennenden Problems einer bestimmten Zielgruppe (Zielgruppen-Spezialisierung) und mit der Bedürfnisveränderung dieser Zielgruppe mitwächst, der wird mit seiner Spezialisierung erfolgreich sein, solange es Menschen gibt.

Zu diesem zentralen Thema der Spezialisierung gäbe es ganze Bände zu schreiben und viele Menschen haben hier die unterschiedlichsten Erfahrungen und Überzeugungen. Eines steht aber fest: Wenn wir die Natur betrachten, können wir hier sehr viel dazulernen und die Grundprinzipien sind auch hier viel einfacher, als manche „Spezialisten" meinen.

Das Naturkonforme, multiplikative Marketing-System:

Womit ich mich aber heute beschäftigen möchte, ist die Art und Weise, wie die Natur ihre Frucht (Problemlösungen) multipliziert.

**Naturkonformes Marketing
heißt
FRANCHISING.**

**Naturkonforme Multiplikation
heißt
NETWORK-MARKETING.**

Dies deshalb, weil wir in einer Zeit der Existenzgründungswelle leben, wie sie bisher noch nie da gewesen ist.

Viele Menschen sind auf der Suche nach einer eigenen Existenz, weil sich der Arbeitsmarkt so radikal verändert und für viele Menschen einfach die Gründung eines eigenen Unternehmens, das Selbstständigmachen, die einzige wirklich sinnvolle Alternative ist. Und übrigens eine sehr gute Alternative, eine Jahrtausendchance für ein Leben in der Freiheit des Unternehmertums. Es lohnt sich nämlich immer noch – oder mehr denn je – Unternehmer zu sein.

Viele sagen:

Ich habe aber keine Idee für ein eigenes Unternehmen!

Womit soll ich mich beschäftigen?

Was soll ich produzieren?

Was soll ich verkaufen?

Die Antwort darauf ist ganz einfach: Sie brauchen das Rad nicht neu zu erfinden. Es gibt heutzutage so viele FERTIGEXISTENZEN am Markt, die für Sie eine tolle Basis sind für Ihr eigenes Unternehmen.

Es gibt heutzutage so viele exzellente Produkte, Problemlösungen etc., die Sie nur in Ihren Zielgruppenbereich „hineinmultiplizieren" brauchen.

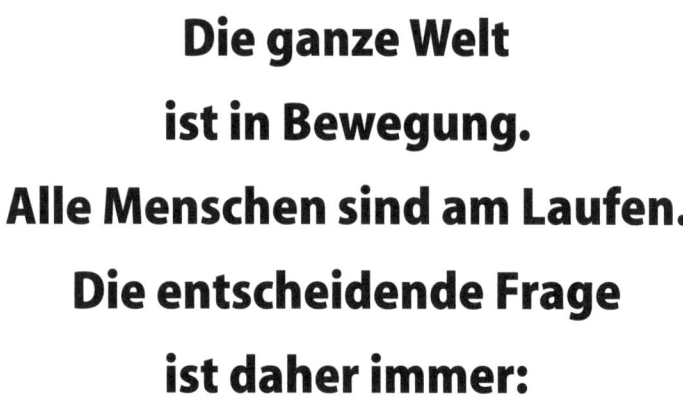

**Die ganze Welt
ist in Bewegung.
Alle Menschen sind am Laufen.
Die entscheidende Frage
ist daher immer:**

WER läuft WEM nach ?

Die naturkonforme Multiplikations-Strategie sieht folgendermaßen aus:

Wir haben einen Baum (Kronprinz-Apfelbaum), welcher exzellente Frucht (Edelfrucht) hervorbringt, die viele Menschen begeistert. Diese Frucht heißt: „Kronprinzapfel". In jeder Frucht steckt ein Kern (eine fertige Existenz).

Das nennt man Franchisepaket – eine fertige Existenz. Also die Natur ist im Franchisebusiness, sozusagen.

Man beginnt mit einem Pilotprojekt (Kronprinz-Apfelbaum) und veredelt diesen Baum so lange, bis die Frucht eine höchstmögliche Attraktivität für eine bestimmte Zielgruppe besitzt. Wenn dieser Apfel (also die Frucht) multiplikationswürdig ist – also attraktiv genug für den Konsumenten – dann beginnt man mit dem Multiplikationsprozess, der folgendermaßen vor sich geht:

Man nimmt eine reife Frucht, in dieser Frucht ist ein Kern. Dieser Kern verfügt über alles, was ein neuer Baum (Unternehmen) an einem anderen Standort braucht, um die gleiche attraktive Frucht hervorzubringen. Dieser Kern ist eine FERTIGEXISTENZ, also ein Franchisepaket für einen Geschäftspartner an einem anderen Standort, der jedoch die gleiche bewährte, attraktive Problemlösung (Frucht) hervorbringt wie der Pilot(Mutter)-Baum. Und es wird damit die lokale/regionale gleichartige Zielgruppe bedient, eben Kronprinzapfel-Fans.

So einfach ist Franchising. Nicht mehr und nicht weniger.

Also es wäre dumm, wenn ein Existenzgründer seinen eigenen Kronprinzapfelbaum züchten würde, wenn es diesen bereits gibt und für eine Multiplikation als Fertigexistenz angeboten wird.

Das ist Franchising.

Nun kommt aber die Revolution in der Existenzgründungswelle. Und die heißt Network-Marketing.

Wenn wir Franchising mit Network-Marketing richtig miteinander verbinden, dann gibt es wahrlich einen Existenzgründungs-Boom.

Network-Marketing ist nichts anderes als ein Franchise-Programm mit multiplikativem Marketing, so wie die Natur uns das täglich vorlebt und damit sehr erfolgreich ist.

Es gibt heute schon viele Network-Marketing-Unternehmen mit Millionen von Geschäftspartnern weltweit (ausgehend überwiegend von den USA), die exzellente Fertigexistenzen zu kostengünstigsten Preisen (im Hundert-Euro-Bereich) anbieten und Ihnen auch noch das Recht einräumen, diese KERNE (Fertigexistenzen) anderen interessierten Menschen weiter-zugeben und auch denen zu helfen, eine neue Existenz zu finden.

Also Naturkonformes Marketing heißt FRANCHISING. Naturkonforme Multiplikation heißt NETWORK-MARKETING.

Und wenn wir diese beiden Konzepte richtig miteinander verbinden und dann noch mit Internet-Organisation, der täglichen Routine und der richtigen Leadership-Philosophie verbinden, dann sind die Arbeitsplätze (als freie Unternehmer) der Zukunft gesichert.

Es ist so einfach. Wir müssen nur wieder lernen, einfach zu denken und zu handeln.

In Deutschland ist das Thema Franchising (auch ausgehend von den USA) mittlerweile salonfähig geworden. Es gibt viele erfolgreiche Franchisebetriebe.

Das Thema Network-Marketing ist aber bei vielen konservativen Denkern noch nicht so richtig als seriös verankert. Und das ist schade, denn das Potential, das darin steckt, ist so gewaltig, dass es in der Lage wäre, die Arbeitsmarkt-Probleme Deutschlands zu lösen. Aber auch wenn einige es noch nicht so richtig sehen können, wird das Network-Marketing von Mini-Franchise-konzepten auch in Deutschland – genauso wie in den USA – nicht aufzuhalten sein und vielen Menschen Erfolg und Erfüllung bringen.

Also, um das Arbeitsmarktproblem in Deutschland wirklich zu lösen, gibt es folgende seriöse Möglichkeiten, die uns die Natur vorlebt:

Man nehme

a) ein ausgereiftes Franchisepaket (Fertigexistenz – Beispiel Apfelkern),

verbindet es mit

b) Network-Marketing (das Recht der Franchisenehmer, sich weiter zu multiplizieren nach dem Beispiel des Apfelbaumes),

verbindet es dann mit

c) Internet (als Organisations-Hilfsmittel für die globale Ausbreitung und effiziente Kommunikation innerhalb der Organisation),

**Da ist eine gewaltige Power
in der Einfachheit.**

**Wir sollten daher alles tun,
um einfach zu bleiben bzw.
wieder einfacher zu werden
und einfacher zu denken.**

fügt dem bei

d) die richtige Leadership-Philosophie (nicht andere Menschen missbrauchen, sondern sich in andere Menschen/Geschäftspartner investieren)

und stellt sicher

e) die tägliche Routine der notwendigen Aktivitäten – Verteilung weiterer Samenkörner, die für den Empfänger entweder Problemlösung oder/und Existenzsicherung bedeuten. Eine tägliche Routine im Multiplikationsprozess.

Und der Erfolg ist gesichert. Einfach, logisch und machbar – für viele Menschen.

**Solange
die Erde besteht,
wird nicht vergehen
das Gesetz von
Saat und Ernte.**

KAPITEL VI

Das Gesetz von Saat und Ernte und die Macht der Gewohnheit

In der Bibel, im 1. Buch Mose, Kapitel 8, Vers 22 steht geschrieben:

Solange die Erde besteht, wird nicht vergehen das Gesetz von Saat und Ernte.

Das Gesetz von Saat und Ernte ist unbestechlich und kann von niemanden außer Kraft gesetzt werden, egal wie lange jemand studiert oder welche Machtposition er auch innehaben mag. Gott lässt seiner nicht spotten: Was der Mensch sät, das wird er ernten. (Galater, Kapitel 6, Vers 7)

Wir müssen hier eines bedenken:

Alles, was wir im Leben tun, sprechen, denken … ist ein Samenkorn und reproduziert ganz nach seiner Art.

So wie Weizen Weizen hervorbringt und Unkraut Unkraut hervorbringt, bringt Liebe Liebe hervor, Hass bringt Hass hervor und Zeit produziert Zeit und Geld produziert Geld. Ob uns das gefällt oder nicht, ist nicht entscheidend. Ob wir das verstehen (wollen) oder nicht, ist auch nicht entscheidend. Aber es ist so und funktioniert genau so.

Und noch etwas ist wichtig hier:

Der Acker hat keine Macht, egal wie groß er ist. Das Samenkorn, egal wie klein es auch sein mag, hat die Macht über den Ackerboden. Der Ackerboden kann nicht zum Sämann sagen:

„Ich bin heute nicht gut aufgelegt, du hast zwar Weizen gesät, aber ich werde dir Hafer liefern!" Der Ackerboden hat diese Macht nicht. Er bringt genau das hervor, was dem Samenkorn entspricht. Also hat das Samenkorn die Herrschaft über den Ackerboden. Wer hat die Herrschaft über das Samenkorn? Der Sämann. Dieser nämlich (das sind Sie selbst) entscheidet darüber, zu welchem Samenkorn er greift und welches Samenkorn er auf den Acker säen wird. Diese Entscheidungen werden täglich, ja minütlich getroffen, von jedem Einzelnen von uns. Wozu greifen wir? Zu Liebe oder zu Hass? Zu Lob oder zu Kritik? Alles reproduziert nach seiner Art. Aber unter welcher Herrschaft steht der Sämann? Das ist die wirklich entscheidende Frage. Welch Geistes Kind ist der Sämann?

So funktioniert das Leben. So einfach. Wer darüber Erkenntnis gewonnen hat, der kann sein Leben steuern – mit dem Samenkorn.

Wo liegen unsere Ackerböden, auf die wir täglich Samenkörner streuen?

Es sind die Herzen anderer Menschen. Das Herz unseres Ehepartners, die Herzen unserer Kinder, die Herzen unserer Mitarbeiter, die Herzen unserer Kunden etc. etc.

Was von deren Herzen zu uns zurückkommt, hängt ganz von den Samenkörnern ab, die wir auf diese Herzen (Ackerböden) streuen (gestreut haben). Bewusst oder unbewusst.

Ich habe noch etwas anderes entdeckt in meinem Leben:

Dem Ackerboden ist es ganz egal, ob mein Samenkorn von mir bewusst oder von mir unbewusst auf ihn fällt. Er multipliziert immer ganz nach der Art des Samenkorns zu mir zurück – und das nennt man dann Ernte.

Daher können wir uns nie damit entschuldigen: „Ich habe das ja gar nicht gewollt." Es war unser Samenkorn, auch wenn wir unbewusst Negatives gesät haben.

Manche Leute sagen:

„Ich verstehe nicht: Der Hans hat überhaupt nichts studiert, ist nicht besonders gescheit und trotzdem gelingt ihm alles und er lebt ein interessantes und erfülltes Leben. Und der Franz, er hat drei Doktortitel und in seinem Leben geht alles schief. Woran liegt das?"

Die Antwort ist ganz einfach: Am Gesetz von Saat und Ernte.

Der Hans hat positive Gewohnheiten mit denen er durchs Leben geht und jede seiner Handlungen, Worte, Gedanken sind positiv und bringen daher eine positive Ernte – bewusst oder unbewusst spielt keine Rolle.

Der Franz hat viele negative Gewohnheiten mit denen er durchs Leben geht, er kritisiert alles, man kann ihm nichts recht machen, er streut ständig „Unkraut" aus und bildet sich ein, er muss es jedem sagen, wo es lang geht und schiebt immer anderen Leuten die Schuld in die Schuhe. Seine Samenkörner (bewusst oder unbewusst) sind für andere Menschen nicht attraktiv und daher auch seine Ernte nicht.

Man nennt das die Macht der Gewohnheit.

Unsere Gewohnheiten sind Samenkörner, fallen uns aus der Hosentasche, ohne dass wir es merken und dem Ackerboden ist

**Der Kundennutzen alleine
reicht nicht mehr aus.**

**Entscheidend ist,
was der Kunde erlebt,
wenn er Ihnen
(oder Ihren Mitarbeitern)
begegnet.**

es vollkommen egal, ob ein Samenkorn bewusst gepflanzt wird oder es unbewusst aus der Hosentasche fällt. Es reproduziert nach seiner Art.

Welche Samenkörner bestimmen noch über unsere Zukunft?

Die VISION des Unternehmers ist ein Samenkorn – gesät in die Herzen der Mitarbeiter und der Kunden. Dieses Samenkorn muss schrittweise in die Herzen der Führungskräfte, dann in die Herzen der Mitarbeiter und dann in die Herzen der Kunden „implementiert" (gesät) werden. Dieser Implementations-prozess ist wichtig, denn ein Weizenkorn in der Hosentasche bleibt genauso unfruchtbar, wie ein Softwareprogramm in der Schreibtischlade oder ein schön formuliertes Firmen-Leitbild an der Wand.

INFORMATION ist ein Samenkorn – Was Sie heute an Information aufnehmen, das werden Sie morgen sein.

„Sage mir mit wem du umgehst (zuhörst), und ich sage dir, wer du bist (wirst)."

ZEIT ist ein Samenkorn – und die Herzen Ihrer Kinder sind der Ackerboden.

Wenn Sie Zeit in Ihren Ehepartner investieren (als positive Saat), dann wird auch Ihre Ehe und Familie Bestand haben und glücklich bleiben.

Wenn Sie Zeit in Ihre Kinder investieren (als positive Saat), dann werden Ihre Kinder eines Tages (in Ihrem Alter) auch für Sie Zeit haben.

Je mehr wir in den
High-Tech-Bereich
eintreten,
umso wichtiger werden
persönliche Beziehungen und
echte Freundschaften.
Das dürfen wir
nicht vergessen
und das hat auch seine
wirtschaftlichen
Auswirkungen.

Wenn Sie Zeit in Ihre Mitarbeiter investieren (als positive Saat), dann werden Ihre Mitarbeiter eines Tages Ihr Unternehmen erfolgreich führen, auch wenn Sie mal nicht mehr so viel arbeiten möchten.

JA, SIE SIND IM INVESTMENT-BUSINESS! Das Gesetz von Saat und Ernte. Dort, wo Sie investieren, dort werden Sie Ihre Dividenden erhalten. Das, was Sie investieren, kommt zu Ihnen zurück.

Ob Sie das wollen oder nicht, Sie können es nicht ändern: Das Gesetz von Saat und Ernte.

Wenn Sie haben möchten,

dass Ihnen das Geld nachläuft,

müssen Sie etwas tun,

was die Kunden dazu veranlasst,

Ihnen nachzulaufen.

Kapitel VII

Wer läuft wem nach?

Die ganze Welt ist in Bewegung. Alle sind am Laufen. Die Frage ist nur: WER läuft WEM nach?

Es ist so einfach. Ich habe eines beobachtet in dieser Welt: Alle sind am Laufen. Laufen, Laufen, Laufen. Rennen, Rennen, Rennen ... Stress, Stress, Stress.

Es gibt so viele Menschen, die dem Geld nachlaufen und sich wundern, dass sie immer im Stress sind. Ist ja ganz klar: Geld kann schneller laufen als der Mensch.

Kennen Sie jemanden, der dem Geld nachläuft? Wohnt er in Ihrem Haus? Schläft er etwa in Ihrem Bett?

Frage: Warum lassen Sie nicht das Geld Ihnen nachlaufen? Wenn es schneller laufen kann als der Mensch – und als Sie – dann holt es Sie ja ein. Sofern Sie nicht gerade schlafen, wenn es in Ihre Nähe kommt. Die Bibel sagt: „Wer zur Erntezeit schläft, ist dumm."

Aber die Lieblingsbibelstelle mancher Leute ist: „Den Seinen gibt's der Herr im Schlaf!" Und darum schlafen sie so gerne, obwohl viele von ihnen gar nicht zu den Seinen gehören.

Jetzt Spaß beiseite. Es gibt eine ganz sichere Möglichkeit, dass auch Ihnen das Geld nachläuft und Sie einholt. Ohne Stress.

Aber wir sind uns sicher in der Sache einig: Die ganze Welt ist am Laufen. Wer läuft wem nach, das ist die entscheidende Frage. Wenn Sie haben möchten, dass Ihnen das Geld nachläuft, müssen Sie etwas tun, was die Kunden dazu veranlasst, Ihnen

**Wenn der Kunde erkennt,
dass er einen
entscheidenden Nachteil hat,
wenn er nicht bei Ihnen kauft,
sondern woanders,
dann beginnt er in
Ihre Richtung zu laufen.
Und mit ihm auch sein Geld.
So einfach ist das.**

nachzulaufen. Denn es gibt nur eine einzige Gruppe von Menschen, die Ihnen Geld bringt, das Sie nicht zurückzahlen brauchen. Das sind die Kunden. Nicht die Banker.

Aber was muss ich tun, damit mir die Kunden nachlaufen?

Ganz einfach: Ihnen – Ihrer speziellen Zielgruppe – einen zwingenden Nutzen bieten.

Wenn der Kunde erkennt, dass er einen entscheidenden Nachteil hat, wenn er nicht bei Ihnen kauft, sondern woanders, dann beginnt er in Ihre Richtung zu laufen. Und mit ihm auch sein Geld. So einfach ist das.

Ein zwingender Nutzen. Die Lösung eines für den Kunden brennenden Problems zur richtigen Zeit. Der Nutzen höher als die Kosten. Ein spürbarer Nachteil für den Kunden, wenn er Ihr Angebot nicht annimmt.

WEM LAUFEN SIE NACH? Ich meine jetzt Sie persönlich.

Laufen Sie immer noch dem Geld nach?

Laufen Sie immer noch den Kunden nach? Oder sind Sie bereits dazu übergegangen, die **Kunden zu führen**?

Manche laufen dem Geld nach. Das ist die primitivste Art des Lebens.

Andere laufen den Kunden nach. Das ist schon besser, aber ein noch ziemlich unattraktives Leben.

Wieder andere laufen schon den Talenten nach. Das ist nach heutigem Standard schon ziemlich fortschrittlich. Denn wenn Sie die Talente erlaufen, dann beginnen nach und nach auch die Kunden in Ihre Richtung zu laufen und mit ihnen das Geld.

**Wenn Sie die besten
Talente der Branche
in Ihrem „Stall" haben,
dann entstehen bei Ihnen die
besten Problemlösungen -
der zwingende Nutzen
für die Zielgruppe.**

Aber Sie sind immer noch am NACHlaufen. Das macht Stress. Die beste Sache ist, wenn Sie die Dinge in folgender Reihenfolge erleben:

Die besten Talente der Branche laufen Ihnen nach!

Das tun diese aber nur, wenn diese Talente bereits wissen, dass es in Ihrem Stall am besten ist. Bekannt als ein Treibhausklima für Talente, Persönlichkeitsentfaltung, Kreativität und damit Spitzenleistungen.

Ein Stall, in dem sich die Kreativität der Talente/Mitarbeiter buchstäblich schon von selbst freisetzt.

Eine Atmosphäre, die so attraktiv ist, dass die Talente am liebsten auch zum Wochenende hier wären – denn das ist deren Erfüllung.

Eine Atmosphäre der Power, der Liebe, der Freude, der Kreativität, des Erfolgs.

Wenn es Ihnen gelingt, dieses außergewöhnlich attraktive Klima zu schaffen, dann beginnen die besten Talente der Branche Ihnen nachzulaufen.

Und das sind die automatischen Folgewirkungen:

Wenn Sie die besten Talente der Branche im „Stall" haben, dann entstehen bei Ihnen die besten Problemlösungen – der zwingende Nutzen für die Zielgruppe.

Damit beginnt auch die Zielgruppe, die Kunden, in Ihre Richtung zu laufen. Sie führen den Kunden.

Damit läuft auch das Geld Ihnen nach. Denn der Kunde bringt das Geld. Es geht nun nicht mehr um den Preis, wenn der Kunde

Wenn Sie Ihre Kunden nicht

zu Ihren Freunden machen,

dann wird Ihre Konkurrenz

Ihre Stammkunden

sehr bald

zu deren Freunden machen,

und wenn Ihre Stammkunden zu

Freunden konkurrierender

Unternehmen werden,

dann haben Sie

Ihre Kunden verloren.

Das ist nur eine Frage der Zeit.

aus eigener Kraft, auf eigene Kosten und mit Begeisterung zu Ihnen kommt. Er will ganz einfach Ihren „zwingenden Nutzen".

Machen Sie Ihre Kunden zu Ihren Freunden.

Wenn Sie Ihre Kunden nicht zu Freunden machen, dann wird Ihre Konkurrenz Ihre Stammkunden sehr bald zu deren Freunden machen, und wenn Ihre Stammkunden zu Freunden konkurrierender Unternehmen werden, dann haben Sie Ihre Kunden verloren. Das ist nur eine Frage der Zeit.

Machen Sie auch Ihre Mitarbeiter / Ihre Talente zu Ihren Freunden.

Wenn Sie Ihre besten Talente nicht zu Ihren Freunden machen (weil Sie etwa meinen, das würde Ihnen Ihre Chef-Autorität kosten), dann ist es auch nur eine Frage der Zeit, bis Ihre Konkurrenz Ihre besten Mitarbeiter zu deren Freunden macht. Und wenn das geschieht, können Sie die Tage zählen, bis Ihre besten Talente zur Konkurrenz abwandern – dort sind nämlich ihre neuen Freunde.

Je mehr wir in den High-Tech-Bereich eintreten, umso wichtiger werden persönliche Beziehungen und echte Freundschaften. Das dürfen wir nicht vergessen und das hat seine praktischen Auswirkungen.

Also: Werden Sie der **Liebling der Talente**, dann werden Sie automatisch bald der **Liebling der Kunden** und als weitere automatische Folge auch der **Liebling der Investoren** (Financiers, Banken).

Und Ihre wirtschaftliche Zukunft ist gesichert.

Es geht nicht mehr
um den Preis,
wenn der Kunde aus
eigener Kraft,
auf eigene Kosten und
mit Begeisterung
zu Ihnen kommt.
Er will ganz einfach
Ihren „zwingenden Nutzen",
obwohl er den Preis
noch wissen will.

KAPITEL VIII

Was haben andere davon, dass es mich gibt? Die Power der Attraktivität.

Attraktivität ist viel wichtiger als Produktivität.

Niemand fragt danach, wo wer was in welcher Schnelligkeit produziert hat.

Kein normaler Endverbraucher ist daran interessiert und trotzdem beschäftigen sich viele Unternehmer mehr mit der Produktivität als mit ihrer Attraktivität.

Nochmals:

Attraktivität bringt automatisch **Anziehungskraft,**

Anziehungskraft bringt automatisch **größere Nachfrage,**

größere Nachfrage bringt automatisch **größere Stückzahl,**

größere Stückzahl bringt automatisch **größere Produktivität,**

größere Produktivität bringt automatisch **schnellere Kostendegression.**

Kostendegression bringt automatisch **mehr Gewinn,**

mehr Gewinn bringt mehr **Liquidität,** mehr **Bewegungsfreiheit,** schnelleres Wachstum.

Aber alles beginnt mit der größeren Attraktivität für die Zielgruppe.

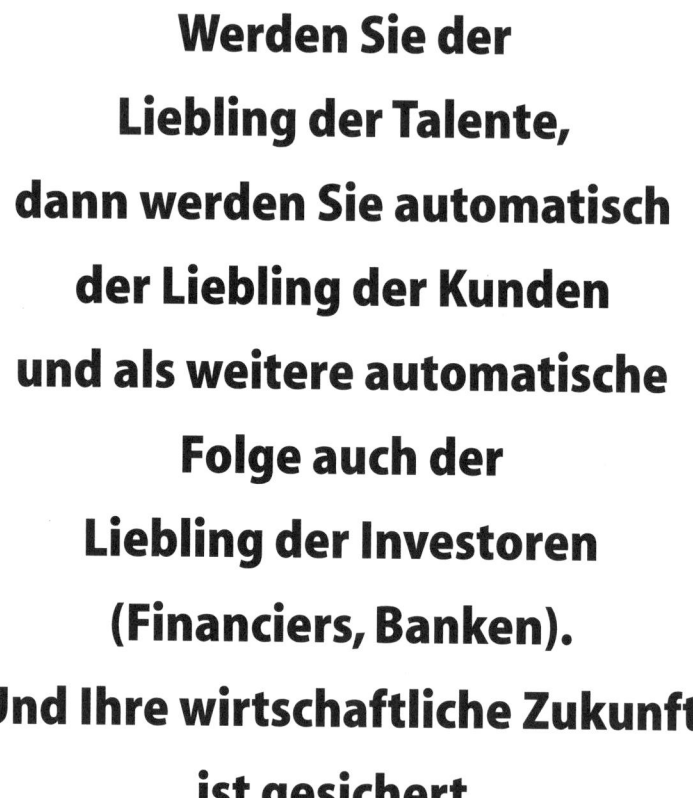

**Werden Sie der
Liebling der Talente,
dann werden Sie automatisch
der Liebling der Kunden
und als weitere automatische
Folge auch der
Liebling der Investoren
(Financiers, Banken).
Und Ihre wirtschaftliche Zukunft
ist gesichert.**

Ich verstehe daher nicht, warum es immer noch Unternehmer/ Manager gibt, die meinen, sie müssten alle Energie darauf einsetzen, ihre Produktivität zu steigern.

Wenn nicht gleichzeitig auch die Attraktivität steigt, bringt das nichts. Nur Kosten.

Ich verstehe auch nicht, warum es immer noch Unternehmer/ Manager gibt, die meinen, sie müssten ständig mit dem Rotstift an den Kosten herumarbeiten. Wenn dies nicht gleichzeitig eine Steigerung der Attraktivität für die Zielgruppe mit sich bringt, erreicht man eher das Gegenteil.

Zum Beispiel: Frustrierte Mitarbeiter, die dann auch ihre Kreativität schon bei der Garderobe abgeben.

Ich verstehe auch nicht, dass es immer noch Unternehmer gibt, deren Unternehmensziel es ist, mehr Geld zu verdienen, den Gewinn zu erhöhen. Und sie sagen das auch noch den Mitarbeitern – und manche sagen es sogar den Kunden. Und dann wundern sie sich, dass ihnen niemand dabei hilft.

Bei mir hat noch nie einer deswegen gekauft, weil er erfahren hat, dass ich gerne Millionär werden möchte. Noch kein Kunde ist zu mir gekommen so unter dem Motto: „Lasst uns doch dem Karl helfen Geld zu verdienen. Wir müssen ihm daher etwas abkaufen." Das ist Nonsens. Es kann doch nie das Unternehmensziel sein oder gar die Vision eines Unternehmers, viel Geld zu verdienen. Das ist eine automatische Folge der Attraktivität unseres Angebotes für den Kunden.

**Stellen Sie sich selbst
folgende
entscheidende Frage:**

**Können andere Menschen
den Nutzen erkennen,
den ich zu stiften
in der Lage bin,
oder bin ich für sie zu
kompliziert?**

Was haben andere davon, dass es mich gibt?

Das ist die entscheidende Frage des Lebens. An den Früchten werdet ihr sie erkennen. Was sind die Früchte meines Lebens?

Haben andere Menschen etwas von dem Output, den mein Leben hervorbringt?

Bin ich ein Segen für andere Menschen?

Bin ich ein Problemlöser oder ein Probleme-Macher?

Können andere Menschen den Nutzen erkennen, den ich zu stiften in der Lage bin, oder bin ich für sie zu kompliziert?

Die POWER der EINFACHHEIT

Je einfacher und verständlicher die Frucht ist, die ich hervorbringe, und je leichter der Laie erkennen kann, was er davon hat, dass es mich gibt, umso attraktiver bin ich für ihn.

Künftig werden jene Menschen erfolgreich sein, die es verstehen, die komplizierten Dinge wieder einfach zu gestalten bzw. einfach zu präsentieren.

Künftig werden jene Menschen Probleme haben, die meinen: Das ist alles zu einfach, lasst uns daher die Dinge etwas komplexer machen, komplexer sehen und komplexer präsentieren, damit es auch wichtig und wertvoll aussieht.

Der Kunde als Endverbraucher sieht das sicherlich anders. Er will es einfach haben.

Arbeitnehmer, die es verstehen, ihrem Vorgesetzten die Arbeit so einfach wie möglich zu machen, werden ihren Arbeitsplatz behalten.

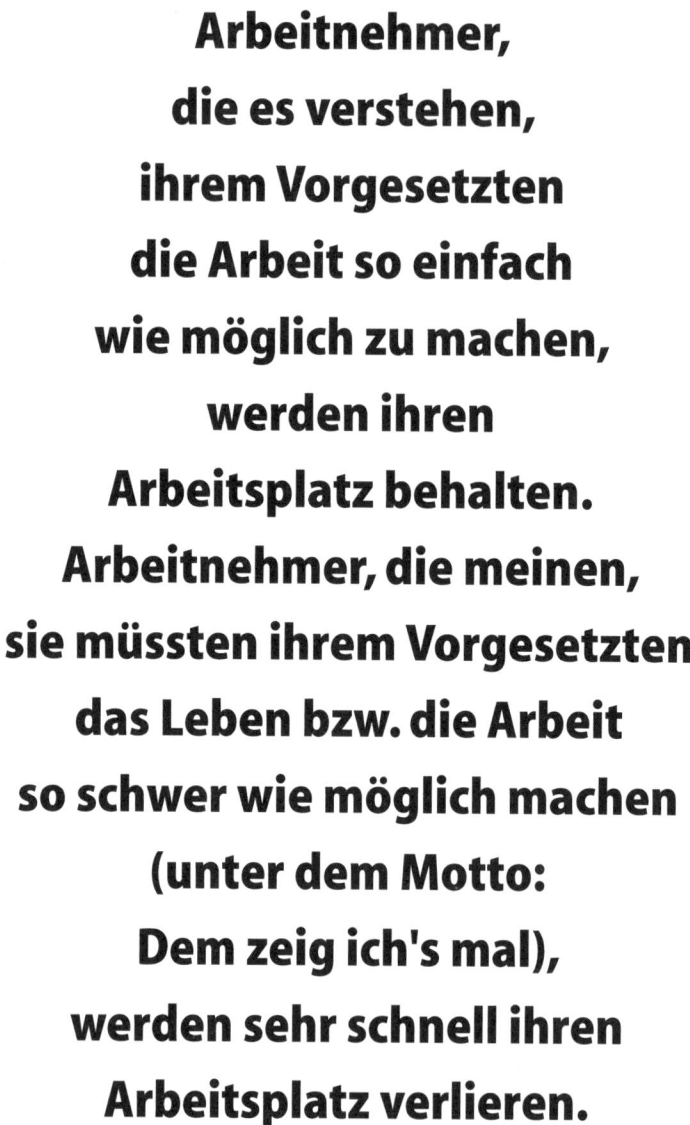

**Arbeitnehmer,
die es verstehen,
ihrem Vorgesetzten
die Arbeit so einfach
wie möglich zu machen,
werden ihren
Arbeitsplatz behalten.
Arbeitnehmer, die meinen,
sie müssten ihrem Vorgesetzten
das Leben bzw. die Arbeit
so schwer wie möglich machen
(unter dem Motto:
Dem zeig ich's mal),
werden sehr schnell ihren
Arbeitsplatz verlieren.**

Arbeitnehmer, die meinen, sie müssten ihrem Vorgesetzten das Leben bzw. die Arbeit so schwer wie möglich machen (unter dem Motto: Dem zeig ich's mal), werden sehr schnell ihren Arbeitsplatz verlieren.

Solche Menschen gibt es, die so denken. Denken Sie doch mal an die IG Metall und dem kürzlich stattgefundenen Metaller-Streik (2003) in den neuen Bundesländern. Es ist für mich unverständlich, dass wir in diesem Lande noch immer Politiker haben, die meinen, man müsse es den Arbeitgebern schwer machen und dann noch glauben, dass der Arbeitgeber gerne Arbeitsplätze schafft.

Wie weit sind wir gekommen in diesem früher so erfolgreichen Land?

Wie entsteht Attraktivität?

Ganz einfach, durch den Kundennutzen. Was hat der Kunde davon, dass es unser Unternehmen gibt? Davon hängt die Zukunft unseres Unternehmens ab.

Was hat mein Arbeitgeber davon, dass es mich gibt?

Davon hängt ab, ob mein Arbeitsplatz gesichert ist, egal ob Hochkonjunktur oder Flaute.

Aber es ist immer mehr feststellbar, dass der einfache Kundennutzen nicht mehr ausreicht. Andere Firmen bieten ja auch den gleichen Nutzen.

Wir sind vergleichbar geworden.

Wir haben zu viele ähnliche Firmen, die ähnliche Mitarbeiter beschäftigen mit einer ähnlichen Ausbildung, die ähnliche Arbeiten durchführen. Sie haben ähnliche Ideen und

**Künftig werden
jene Menschen
erfolgreich sein,
die es verstehen,
die komplizierten Dinge
wieder
einfach zu gestalten
bzw.
einfach zu präsentieren.**

Was können wir vom Kirschbaum lernen?

Gut, zuerst mal: An den Früchten werden wir ihn erkennen. Stimmt's?

Wenn die Kirschen exzellent sind, dann kommen immer die richtigen Leute zur richtigen Zeit zu diesem Baum – mit eigener Kraft und auf eigene Kosten.

Das Erlebnis mit den Kirschen ist so gewaltig, dass man immer mehr Leute mitnimmt und die Botschaft vom exzellenten Kirschbaum verbreitet sich. Auch ohne Werbeagentur und ohne Vierfarb-Hochglanz-Prospekt.

Wenn aber die Kirschen nicht attraktiv sind, dann nützt Ihnen auch die Werbeagentur nicht viel und auch nicht Ihr Hochglanz-Prospekt. Und auch nicht der Druck, den Ihre Vertriebsabteilung macht.

Sorry, aber dann wird es schwierig, die Kirschen an den Mann zu bringen, wenn sie nicht schmecken aber trotzdem verkauft/vertrieben werden müssen.

Also:

Die Leute kommen wegen den attraktiven Kirschen, nicht wegen dem Baum und auch nicht wegen Ihnen – dem Baumbesitzer.

Die Leute kommen zu Ihnen wegen Ihrer attraktiven Frucht (Ihrem Output, Ihrem Nutzen bzw. dem Erlebnis mit Ihnen), nicht wegen dem Unternehmen oder gar dem Unternehmens-Inhaber. Das mag manchmal vorkommen, aber das ist nicht die Regel.

Hier ist noch eine interessante Analogie:

In diesem Sommer habe ich viele Menschen in den verschiedensten Gastgärten erlebt, die alle Hände voll zu tun hatten, die aufdringlichen Wespen zu verscheuchen. Ich dachte mir dabei, was ist falsch an diesen Wespen? Sie sind doch so lieb, schön, zierlich. Wunderbare kleine Tiere. Und doch gehen die Menschen diesen schönen kleinen Tieren aus dem Weg bzw. suchen auf alle Fälle nicht ihre Nähe.
Ganz einfach deswegen nicht, weil man in ihrer Nähe etwas Unangenehmes erlebt.
Man unterstellt ihnen, dass sie stechen.

Aber genau das Gleiche ist es mit vielen Menschen.
Viele Menschen wundern sich, warum andere Menschen nicht ihre Nähe suchen, ihnen nicht nachlaufen, eher aus dem Weg gehen usw. Warum wohl? Ganz einfach, weil manche Menschen „stachelig" sind.
Man weiß nie, wann sie wieder „zustechen" mit einer Kritik, einer verbalen Attacke, einer Entmutigung, einer abfälligen Bemerkung usw.

Wenn die Menschen nicht sicher sind, was man in Ihrer Nähe mit Ihnen erlebt, dann gehen sie Ihnen aus dem Weg oder suchen auf alle Fälle nicht Ihre Nähe.

So einfach ist das.

Die Menschen wollen Nutzen haben und etwas Außergewöhnliches dabei erleben.

Nochmals: „Was haben andere Menschen davon, dass es Sie gibt?"

Wenn andere Menschen nichts davon haben, dass es Sie gibt, dann wird es für Sie schwer sein, in dieser Welt ein erfülltes Leben zu leben.

Lasst uns daher ein wahrer Segen sein für viele Menschen.

Die Devise heißt:

**Wachsen oder Welken!
Wer aufgehört hat zu wachsen,
hat bereits
begonnen zu welken.**

KAPITEL IX

Invest in yourself first – Die Devise heißt: Wachsen oder Welken

Wer aufgehört hat zu wachsen, hat bereits begonnen zu welken.

Nur wenn wir zuerst in uns selbst investieren – für unser persönliches Wachstum –, dann sind wir auch in der Lage, anderen Menschen zu geben.

Niemand von uns kann etwas geben, was er nicht hat. Niemand verlangt von uns, dass wir etwas geben, was wir nicht haben.

Der wichtigste Mensch **in Ihrer Welt** sind Sie. Wenn Sie sich selbst nicht lieben, werden Sie auch andere Menschen nicht wirklich lieben können.

Daher sagte auch Jesus zum Thema „Gebote Gottes" im Neuen Bund:

„Du sollst den Herrn, deinen Gott, lieben mit allem was du hast, mit all deiner Kraft, mit all deinen Gedanken – und deinen Nächsten WIE DICH SELBST!"

Wer sich selbst nicht liebt, kann andere Menschen nicht lieben. In dem Maße, wie Sie sich selbst lieben, können Sie andere Menschen lieben. Das hat Jesus gesagt.

Daher ist es wichtig, dass wir immer bei uns selbst beginnen. Wir müssen in uns selbst investieren, uns selbst etwas gönnen, uns

Es ist nicht so wichtig,
was wir haben,
es ist viel wichtiger,
was wir tun.

Es ist aber nicht so wichtig,
was wir tun,
es ist noch viel wichtiger
zu wissen,
wer wir sind.

selbst belohnen für besondere Leistungen, die wir erbracht haben, uns selbst weiterbilden, weiter wachsen etc.

Wer aufgehört hat zu wachsen, hat bereits begonnen zu welken.

Wir müssen ständig investieren in unsere Problemlösungsfähigkeit, in unsere persönliche Attraktivität, in unsere Persönlichkeitsentfaltung, in unser SEIN.

Es ist nicht so wichtig, was wir haben, es ist viel wichtiger, was wir tun.

Es ist aber nicht so wichtig, was wir tun, es ist noch viel wichtiger zu wissen, wer wir sind.

Viele Menschen haben nur **HABEN-Ziele.** (Das und das möchte ich gerne haben.)

Andere Menschen haben schon **TUN-Ziele.** (Das und das möchte ich gerne tun.)

Viel wichtiger sind aber unsere **SEIN-Ziele.** (Das und das möchte ich gerne sein.)

Und wenn wir wissen, wer wir SIND, dann werden wir gewisse Dinge automatisch TUN.

Und wenn wir diese gewissen Dinge TUN, werden wir automatisch die uns wichtigen Dinge HABEN.

Also investieren Sie in Ihr SEIN, dann werden das TUN und das HABEN sicher folgen.

**Viele Arbeitslose
wären heute froh,
wenn sie vor einigen Jahren
mehr von ihrer Freizeit
dazu genutzt hätten,
sich weiterzubilden.**

KAPITEL X

Niemals arbeitslos, wenn ...

Arbeitslosigkeit ist ein Thema in diesen Tagen, das viele Menschen beschäftigt.

Wir haben nicht zu wenig Arbeit. Arbeit gibt es genug, weil es genügend ungelöste Probleme gibt, die auf einen Problemlöser warten. Es gibt keinen Arbeitsmangel in Deutschland. Sicher nicht.

Viele Arbeitslose wären heute froh, wenn sie vor einigen Jahren mehr von ihrer Freizeit dazu genutzt hätten, sich weiterzubilden. Es gab und gibt immer noch Mitarbeiter, die nur dann zu Fortbildungs-Seminaren gehen, wenn sie der Chef bezahlt – und nicht nur das, sondern wenn der Chef auch noch die Überstunden dafür bezahlt.

Solche Menschen, die so denken, dürfen sich nicht wundern, wenn sie für keinen Arbeitgeber mehr attraktiv sind.

Drei Gruppen von Menschen werden niemals arbeitslos sein:

a) **ECHTE PROBLEMLÖSER**

Das sind solche, die ständig in sich selbst investieren, um jene brennenden Probleme lösen zu können, die Menschen von heute haben.

b) **MENSCHEN-SPEZIALISTEN**

Das sind jene Menschen, die sich bei Menschen auskennen. So genannte Menschenkenner. Nicht nur Computer-Spezialisten, sondern insbesondere Menschen-Spezialisten sind gefragt in

Hat der Kunde
etwas Besonderes davon,
wenn er Ihnen begegnet?
Ist das so umwerfend
einzigartig gut,
dass er Ihnen
so oft wie möglich
begegnen möchte?

der heutigen Zeit. Menschen, die in der Lage sind, andere Menschen zu führen und erfolgreich zu machen.

c) **MENTOREN für junge Menschen**

Das sind jene Menschen, die sich zur Aufgabe gestellt haben, sich in junge Menschen voll und ganz mit ihrem Know-how, ihren Beziehungen und ihren Erfahrungen zu investieren. Es ist ein wunderschönes Leben, wenn man auch mit 90 Jahren noch attraktiv ist für junge Menschen und wenn dann diese jungen Menschen unsere Nähe suchen, um Rat und Ermutigung einzuholen.

Bis zum 30. Lebensjahr sind die meisten Menschen deswegen erfolgreich, weil sie sich bei den Produkten besser auskennen als ältere Menschen. Also Erfolg durch Produktkenntnis. Ein Produkt-Spezialist.

Bis zum 45. Lebensjahr sind die meisten Menschen deswegen erfolgreich, weil sie sich in ihrer Branche besser auskennen als die jüngeren Menschen. Also Erfolg durch Branchenkenntnis. Ein Branchen-Spezialist.

Aber dann kommt der unbedingt notwendige Quantensprung, um nicht mit 55 Jahren arbeitslos zu sein.

Nur wer es spätestens mit 45 bis 50 Jahren schafft, sich vom Branchenspezialist zum MENSCHENSPEZIALIST weiterzuentwickeln, der wird die Berufsjahre seines Lebens voll auskosten können und immer noch attraktiv sein für andere Menschen.

Er wird zum MENTOR.

Der erfolgreiche Weg

geht vom

Produkt-Spezialist

über

den Branchen-Spezialist

zum

Menschen-Spezialist.

Der Weg geht vom Produkt-Spezialist über den Branchen-Spezialist zum Menschen-Spezialist.

Wer sich bei Menschen wirklich auskennt, ist erfolgreich solange es Menschen gibt. Ungeachtet von technischen Entwicklungen und unabhängig von Branchen.

„Wenn Sie Ihre Frau so
behandeln wie
Ihren besten Kunden,
dann haben Sie
eine glückliche Frau.
Und wenn Ihre Frau
glücklich ist,
dann sind auch
die Kinder glücklich.
Und Sie haben
eine glückliche Familie."

DAS 11. GEBOT

MAKE MAMA HAPPY

In Amerika sagt man: „If Mama ain't happy, nobody happy!"

Auf gut Deutsch: Wenn die Mama nicht glücklich ist, ist niemand glücklich im Haus.

Wie wahr!

Ein Unternehmer sagte mal zu mir: „Was soll ich tun? Ich habe in meinem Leben ein tolles Unternehmen gebaut, aber meine Ehe ist kaputt. Was soll ich tun?"

Ich sagte ihm: Das ist doch ganz einfach.

„Wenn Sie Ihre Frau so behandeln wie Ihren besten Kunden, dann haben Sie eine glückliche Frau. Und wenn Ihre Frau glücklich ist, dann sind auch die Kinder glücklich. Und Sie haben eine glückliche Familie."

Ja, es ist tatsächlich so einfach.

Die Frauen verstehen einfach nicht, warum ein Kunde wichtiger ist als jener Mensch, mit dem man ein ganzes Leben verbringt, der die eigenen Kinder zur Welt bringt und der mit einem durch Dick und Dünn gegangen ist, auch zu einer Zeit, als die wirtschaftliche Situation noch nicht so rosig war.

Wenn Sie Ihre Frau so richtig glücklich machen (behandeln wie den wichtigsten Menschen Ihres Lebens), dann wird Kinder- erziehung um vieles einfacher und alle im Haus sind happy. Denn Kinder wollen nichts mehr, als zu sehen, dass Mama und Papa sich wirklich lieben. Denn das gibt ihnen die höchste

Der Amerikaner sagt:

„If Mama ain't happy, nobody happy!"

Auf gut Deutsch: Wenn die Mama nicht glücklich ist, ist niemand glücklich im Haus.

Sicherheit und die schönste Geborgenheit für ihr Aufwachsen und ihre Zukunft.

Wenn die Familie nicht funktioniert, dann ist auch der tollste wirtschaftliche Erfolg nicht viel wert.

Also – auf geht's: Make Mama happy!

Mama (also Ihre Frau) ist der wichtigste Mensch in Ihrem Leben. Machen Sie Ihre Frau zu Ihrem Hobby.

Und die Mama tut alles, damit es dem Papa so einfach und leicht wie möglich fällt, Mama wirklich happy zu machen. Mama hilft ihm dabei. Sie macht ihm das Leben so einfach wie möglich. Dann funktioniert's.

Das wünsche ich Ihnen von ganzem Herzen

Ihr

Karl Pilsl

P.S.: Ich weiß das aus eigener Erfahrung. Ich bin Vater von acht Kindern und wir haben mittlerweile auch acht Enkelkinder. Oma und Opa sind happy.

Über den Autor

Karl Pilsl ist ein seit 35 Jahren in alle Höhen und Tiefen eingeweihter, selbstständiger Unternehmer, seit 1977 Medienunternehmer, seit 1979 auch in den USA tätig und dort seit 1987 Wirtschaftsjournalist. Autor von bisher mehr als 20 Büchern zu den Themen Strategie, Leadership, Motivation, Wirtschaftsrevolution, Trends, ErVOLLgREICHes Leben und gelebter Christlicher Werte.

Karl Pilsl hat in den letzten 35 Jahren mehr als ein Dutzend Unternehmen und Organisationen in Deutschland, Österreich und den USA gegründet, Hunderte Mitarbeiter aufgebaut und geführt, viele Leadership-Teams installiert und ist so mit allen Herausforderungen eines mittelständischen Unternehmers vertraut. Er ist u. a. Gründer der Österreichischen Bau-Marktforschung, heute als Baudata GmbH zur Bertelsmann-Gruppe gehörend. Er ist auch inspirierender Berater einiger einflussreicher Persönlichkeiten in Wirtschaft und Politik.

Karl Pilsl ist seit über 20 Jahren gefragter Seminarleiter, Consultant und spricht jährlich Hunderte Mal bei Veranstaltungen aller Art *„around the world"*. Er steht auch in Deutschland und Österreich für begeisternde, ermutigende Veranstaltungen, ausgerichtet für zielstrebige Unternehmer und Führungskräfte zur Verfügung. Nähere Auskunft dazu beim Verlag.

Er hat Hunderten Unternehmern geholfen, ihre erfolgreiche Unternehmens-Strategie zu entwickeln und umzusetzen. Seit 1987 beschäftigt er sich insbesondere damit, herauszufinden, was deutsche Unternehmer und Führungskräfte von ihren amerikanischen Kollegen lernen können, hat dazu Dutzende amerikanische Firmen analysiert und ist zu folgendem Ergebnis gelangt:

„Wenn es uns gelingt, die hohe Qualität deutscher Produkte und deutscher Technologie mit der außergewöhnlichen Kreativität und Leadership-Fähigkeit der Amerikaner in der richtigen Weise miteinander zu verbinden, dann sind wir Deutschen am Weltmarkt unschlagbar."

Karl Pilsl ist auch Gründer von USA-FOR-YOU Corp., eine amerikanische Gesellschaft, die für deutsche Unternehmer und Führungskräfte *„praktische Studienreisen"* in die USA anbietet, um vor Ort selbst zu erleben, wo der entscheidende Unterschied zwischen der Denkweise deutscher und amerikanischer Unternehmer liegt. Mehr Info dazu unter www.usa-for-you.com

Seine bisher letzten Bücher *„Die 10 Haupttrends der aus den USA kommenden Wirtschaftsrevolution"* und *„Die Naturkonforme Strategie"* sind wiederum Bestseller und besonders attraktiv für moderne Marketingunternehmen.

Karl und Monika Pilsl haben eine große Familie mit insgesamt acht Kindern und (bisher) acht Enkelkindern. Sie leben sowohl in Tulsa, Oklahoma (USA) als auch im Bayerischen Wald.

WEITERE MEDIEN VON KARL PILSL

»So komme ich zu meinem Traumjob!«
Niemals arbeitslos, wenn ...

Teil I dieses Buches ist für Menschen geschrieben, die es vorziehen, in einem Unternehmen zu arbeiten, das ihnen nicht gehört und denen eine geregelte Arbeitszeit wichtig ist. Teil II dieses Buches ist für Menschen geschrieben, die es vorziehen, für sich selbst und zur Sicherung der eigenen Zukunft zu arbeiten, ihre Zeit frei einteilen möchten und ihren ErVOLLg davon abhängig machen, wie viel Zeit sie in andere Menschen investieren möchten.
Beide Wege sind sehr gute Wege. Der erste Weg ist riskanter.
Der eine ist für das Erstere, der andere ist für das Zweitere geboren.
A5, 116 Seiten, ISBN 3-935760-03-5, VK **EUR 12,00**

Die 10 Haupttrends der aus den USA kommenden Wirtschaftsrevolution
Wir stehen mitten in einer noch nie da gewesenen Wirtschaftsrevolution - weltweit!
Ob Sie zu den Siegern oder zu den Verlierern dieser Revolution gehören,
liegt an Ihnen.
A5, 126 Seiten, ISBN 3-935760-05-01, VK **EUR 12,00**

Wem gehört die Zukunft in Europa?
Die aus den USA kommende Wirtschaftsrevolution des 21. Jahrhunderts und die damit verbundene Arbeitsmarktrevolution. Wer die Trends der heutigen Zeit früh genug erkennt, wird auch in Zukunft wirtschaftlichen Erfolg haben. Welche Trends sind das und welche Chancen und Möglichkeiten habe ich dadurch?
Live-Mitschnitt eines Vortrags, 3 CDs Gesamtlaufzeit ca. 125 min, VK **EUR 28,00**

Starke Worte für starke Zeiten Nr. 1 - Du bist geboren zum Sieg
Wir leben in starken Zeiten. Die Entwicklungen im begonnenen 3. Jahrtausend und die Zeichen der Zeit sind atemberaubend. Die Welt ist nicht mehr so, wie sie einmal war. Wir alle stehen ganz neuen Herausforderungen gegenüber. Die rapide Veränderung ist die einzige Konstante, die es heute gibt. Ungewißheit über die Zukunft macht sich breit. Die Angst der Menschen wächst. Wir leben in starken Zeiten. Starke Zeiten verlangen nach starken Worten, nach Worten der Ermutigung, Worten der Hoffnung, Worten, die Power bringen. Dieses Buch ist eine wahre Ermutigung für die Herausforderungen des Alltags.
A5, 52 Seiten, ISBN 3-935760-11-6, VK **EUR 6,00**

Starke Worte für starke Zeiten Nr. 2 ErVOLLgreich ins 3. Jahrtausend	**Starke Worte für starke Zeiten Nr. 3** Nimm dein Leben in die Hand	**Starke Worte für starke Zeiten Nr. 4** Lebe ein Leben der Freude
A5, 52 Seiten ISBN 3-935760-12-4, VK **EUR 6,00**	A5, 52 Seiten ISBN 3-935760-13-2, VK **EUR 6,00**	A5, 52 Seiten ISBN 3-935760-14-0, VK **EUR 6,00**

BÜCHER IN VORBEREITUNG

Starke Worte für starke Zeiten Nr. 5 - Es geht aufwärts
A5, 52 Seiten, ISBN 3-935760-15-9, Erscheinungsdatum 2005

Starke Worte für starke Zeiten Nr. 6 - Die Power von x³
A5, 52 Seiten, ISBN 3-935760-16-7, Erscheinungsdatum 2005

Starke Worte für starke Zeiten Nr. 7 - Auf festem Fundament
A5, 52 Seiten, ISBN 3-935760-17-5, Erscheinungsdatum 2005

Starke Worte für starke Zeiten Nr. 8 - Meine Zukunft ist gesichert
A5, 52 Seiten, ISBN 3-935760-18-3, Erscheinungsdatum 2005

Ein aktuelles
Medienverzeichnis bzw. Seminarangebote
des Autors Karl Pilsl und des
Verlags Gute Nachricht
erhalten Sie bei:

Verlag Gute Nachricht GmbH
Freyunger Straße 53 a
D-94146 Vorderschmiding
Tel. +49-8551-9149-0
Fax +49-8551-9149-14
E-Mail: office@verlag-gute-nachricht.de

oder im Internet:

www.wirtschaftsrevolution.de

Der Autor des Buches steht auch für
individuelle Vortragsveranstaltungen zur Verfügung.
Anfragen richten Sie bitte an den Verlag.

Einige seiner „Lieblingsthemen":
Visionäre Leadership
Management frustriert – Leadership begeistert
Die Trends der Wirtschaftsrevolution
Naturkonforme Strategie
Träume - Visionen - Ziele
Wem gehört die Zukunft in Europa?